WHY WE MAKE MISTAKES

HOW WE LOOK WITHOUT SEEING，FORGET THINGS IN SECONDS，
AND ARE ALL PRETTY SURE WE ARE WAY ABOVE AVERAGE

盲点

为什么我们
易被偏见左右？

[美] 约瑟夫 · 哈利南（Joseph T. Hallinan）＿著　赵海波＿译

中信出版集团 | 北京

图书在版编目（CIP）数据

盲点：为什么我们易被偏见左右? /（美）约瑟夫·哈利南著；赵海波译. -- 北京：中信出版社，2019.5（2019.5重印）

书名原文：Why We Make Mistakes: How We Look Without Seeing, Forget Things in Seconds, and Are All Pretty Sure We Are Way Above Average

ISBN 978-7-5217-0298-9

Ⅰ. ①盲… Ⅱ. ①约… ②赵… Ⅲ. ①认知心理学—通俗读物 Ⅳ. ① B842.1-49

中国版本图书馆 CIP 数据核字（2019）第 057181 号

盲点——为什么我们易被偏见左右?

著　　者：［美］约瑟夫·哈利南
译　　者：赵海波
出版发行：中信出版集团股份有限公司
　　　　　（北京市朝阳区惠新东街甲 4 号富盛大厦 2 座　邮编　100029）
承 印 者：北京楠萍印刷有限公司

开　　本：880mm×1230mm　1/32　　印　　张：9　　字　　数：216 千字
版　　次：2019 年 5 月第 1 版　　印　　次：2019 年 5 月第 2 次印刷
京权图字：01-2009-0357　　广告经营许可证：京朝工商广字第 8087 号
书　　号：ISBN 978-7-5217-0298-9
定　　价：59.00 元

献给

杰克

凯特

安妮

以及我最想献给的人

帕姆

致我最好的朋友

霍华德·K. 赫斯

目录

引　言

我们为什么会受到偏见的影响？

生活中，我们总会犯各种各样的错误。希望购买某处房产，却没能及时出手；想与心仪的人喜结连理，却无故错过，抱憾终生。股票被彻底套牢，工作也全无进展，有时候甚至突然冒傻气，为了节省几元，想要动手给自己理发。

其他人也像我们一样，会犯很多错误。我从事记者工作 20 多年，养成了一个小小的嗜好，就是喜欢收集这类犯错的故事（也许有人觉得这个嗜好有点儿不合常理）。我在一个文件袋上贴上写有“失误”一词的标签，然后把自己看到的这类事件从报刊上剪下来，存放到文件袋里。

有这么一则我喜欢的故事，它被刊登在我家乡出版的《芝加哥太阳报》某日的第 34 版。这件事发生在十几年前，地点是南威尔士的圣布赖兹村。根据联合通讯社的报道，一群治安员袭击并捣毁了当地一位著名儿科医生的诊室。

他们为什么要这么做呢？

根据警方的说法，原因是：当地的这些治安员不小心把“儿科医生”(pediatrician)一词误认作“恋童癖者”(美式拼写为pedophile)了。

卷入该事件的伊薇特·克卢蒂医生被迫离开了自己的住所——一座外墙上喷有“paedo”字样的房子。“恋童癖者”一词的英式拼法是“paedophile”，而“paedo”是它的缩写。事后，伊薇特·克卢蒂医生接受了当地报社的采访。

她说：“我觉得我这次真的受了无知的害。”

90%的人都会犯错

是的，伊薇特·克卢蒂医生因他人的无知受害，而我们又何尝不是如此。我们都知道“人非圣贤，孰能无过”这句话，此言着实不假。在大多数事故背后，我们总能发现人为的失误：飞机坠毁(70%)、车祸(90%)、工作场所的意外事件(也是90%)。任何你所能想到的事情也大都如此。一旦错误被归因于“人为失误”，人们往往也就不再深究了。然而，事情本不该如此——仅仅是为了真正地减少失误，你我也该进一步探究下去。

许多时候，失误的原因并非出自个人，至少不能完全将其归咎于个人。在看待周围的一切事物时，我们的视觉、记忆和感知都会受到某些系统性偏见的影响。由于这些偏见，我们往往会在不知不觉间陷入错误的泥沼。比如，习惯使用右手的人在进入一幢建筑物后，会倾向于右转——尽管这么走不一定是最近的路线。而大多数人，包括左撇子，会对数字7和蓝色存在过度的偏好。我们也会受到自己对事物第一印象的摆布，而不愿意更改在考试

> 大多数人偏爱数字7和蓝色。

时写出的最初答案——尽管有许多研究表明，修正答案往往能够取得更好的成绩。

“期待”会影响我们看待世界的方式，也常常会影响我们的行为。比如，人们在偶遇一个陌生人时，如果得知那人是一名卡车司机，人们就会说他看上去有点儿胖；当得知那人是一名舞蹈演员时，人们就会说他看上去比较瘦。再比如，在一家饭店里，有一半的顾客得知他们手里免费的那杯赤霞珠葡萄酒产自加利福尼亚，而另外一半人则得知酒杯里的葡萄酒产自北达科他州。得知酒来自北达科他州的那些人，不仅吃得少，而且很快就离开了饭店，即使那些被认为感觉并不敏锐的人群，也会表现出同样的倾向。[①] 对于那些认为地球正在变暖的农民来说，他们印象中的气温比统计图表中记录的数字高。那些不相信地球正在变暖的农民呢？他们印象中的气温要比历史纪录低很多。

在以上这些案例中，我想要告诉大家的不是人们认为卡车司机要比舞蹈演员胖，也不是说现在的地球确实是在变暖（当然，如果你想拿这些事跟别人打赌的话，则另当别论）。我想要告诉大家的是，这些固有观念在很大程度上是人们自己根本无法觉察的，我们心中是存在偏见的，可自己却意识不到这一点。这种倾向太强大，以致我们确切地知道它的存在，却无法纠正它。一个典型的例子就是“第一印象”的力量。近 90 年来，对“更改答案”问题的研究表明，大多数情况下对答案的更改，都是将错误改为正确，而大多数更改答案的人，都提高了自己的考试成绩。有一篇综述文章全面回顾了 33 份关于“更改答案”问题的研究，最终得出的结论是：就平均水平来说，没有一项研究发现人会因为改变了自己的答案，使情况变得更糟。然而，即使学生们得知这一研究结论，他们还是倾向于坚持自己的最初选择。顺便说一句，投资者在选择

① 美国产的葡萄酒大多来自加利福尼亚州，而北达科他州是美国最后一个开设商业酒庄的州。——编者注

股票的时候，大致也是如此。有 70% 的人即使发现自己当初选择某只股票的理由是错误的，还是倾向于坚持最初的选择。

无论好坏，我们都要承受

如此看来，类似的偏见根深蒂固。人类有许多优秀的品质，这让我们可以做好各种各样的事情，然而，这些品质往往又有着鲜为人知的另一面，那足以让我们所有的努力付诸东流。举例来说，人类可以迅速地对事态的发展做出判断。在不到十分之一秒的一瞥之间，我们就能将一幅场景尽收眼底，并且通常能捕捉到该场景的内涵和主旨。这种迅速观察并得出判断的能力，不可避免地需要我们付出一定的代价，那就是：我们会遗漏场景中很多重要的细节。但问题恰恰就在于：我们自己通常并不觉得遗漏了任何事情，自认为看到了场景中的一切，但事实上我们没有做到这一点。一个典型的例子就来自好莱坞。电影胶片是由一幅幅独立画面构成的，然后以每秒 24 帧的速度播放。不过，当它们被投射到大屏幕上后，我们看到的就不是一幅幅静止的画面了，而是活动的影像。当然，这是一种“美妙的错觉”，我们不仅不介意它的存在，还乐在其中。然而，类似的视觉误差却可能带来致命的后果，比如医生通过观察 X 光片寻找机体癌变的线索时，或者是安检人员在机场的行李中寻找炸弹时，而且，正如我们将要看到的，他们常常出现差错。

身边的环境根本就帮不上你

简单说来，我们的大脑并不像我们所设想的那样工作，然而，我们遇到的很多种情况就好像我们已经预先设定了一样。生活中，我们不停地被要求提供诸如密码、个人识别码和用户名等内容，可对于这类信息，我们的记忆力完全无法应付。在一项测试中，30% 的人在仅仅一个星期之后就忘掉了自己的密码；在另一项测试中，3 个月后，至少有 65% 的人把自己设置的密码忘得精光。

> 在一项测试中，30% 的人在仅仅一个星期之后就忘了自己的密码；在另一项测试中，3 个月后，至少有 65% 的人把自己设置的密码忘得精光。

尽管我们“一心多用”的能力非常有限，可是，需要一心多用的工作却总是把我们推向生命的极限。确切地说，一心到底能几用还要取决于我们具体做的是什么。但就一般情况而言，一个人短时记忆的极限是能同时记忆 5 项互不相关的事物。想想看，你在驾驶汽车时需要记住多少东西？仪表导航系统、速度控制器、防碰撞预警装置、盲点预警装置、后视摄像头、儿童娱乐系统、MP3 音乐播放器、移动电话……现在的汽车配备了太多装置，过度地分散了驾驶者的注意力，从而增加了发生车祸的风险。可谁应该为车祸负责呢？是你，还是汽车？

对错误根源的这种误判，正是我们不断重蹈覆辙的一个重要原因。很少有人能做到吃一堑，长一智，因为我们找到的往往并非问题的根源。一旦出了差错，尤其是出了大问题，人类的一种本能倾向就是诿过于人。因此，要弄清问题到底出在何处绝非易事。如果出现的问题后果严重，可能还会有“中立的”调查人员来对事故做出分析。可是，调查人员同样会受到偏见的困扰：他们知道“发生过”什么。如果预先知道事件的结果，我们对事情“为什么”出错的看法就会产

> 很难做到吃一堑，长一智，因为我们所能找到的往往并非问题的根源。

生偏差，而且经常是不小的偏差。研究人员称其为“事后诸葛”之偏见。有了这种事后的领悟，出错的原因就不再像事前（当你身处其中时）那样不可捉摸了，而是变得显而易见。

这就是为什么如此多的失误在事后看起来总是很愚蠢。（什么？你又把自己锁在门外了？）这也是为什么许多事后补救措施也总是让人觉得愚蠢不堪。如果一个司机在必须“一心多用”时，因为摆弄仪表盘上的“全球定位装置”而撞坏了车子，那他就必须要为事故负责。不过，如果想要切实减少这类事故，你觉得，咱们是应该教育一下司机呢，还是应该改进一下车载设备？

本书关于“我们为什么犯错”的经验，大都来自对医药、军事、航空和金融等领域的研究。在这些领域，失误就要付出高昂的代价，甚至生命。在这些领域，一旦出错，人们就会更加渴盼弄清到底为什么会这样，因为从这些错误中得出的经验教训对我们有很强的借鉴意义。就我个人来说，我是在为《华尔街日报》撰写一则头版头条报道时才对这类问题产生了顿悟。我写的那篇报道的主题是麻醉医师的安全记录。无疑，麻醉学领域的发展得益于近几年的技术创新，但长久以来，麻醉医师在手术室里的安全记录却一直非常糟糕。历史上，许多病人在麻醉环节的死状相当可怕：一些病人在手术台上窒息而死——麻醉医师在长时间的手术过程中变得疲惫不堪，没能注意到病人身上的氧气管已经脱落了；还有些病人因不幸吸入致命的一氧化碳而死——这种气体正是一些麻醉药物发生化学反应所产生的。如果你觉得这些还不够可怕的话，那我告诉你，许多能让病人昏迷的化学药剂非常容易发生爆炸。为了避免静电产生火花而带来危险，医生不仅要穿上橡胶底的鞋子，还要将金属接地板放在口袋里。可不知什么时候就会听到“砰”的一声，那时，病人和医生都已化为灰烬。

这种状况一直持续到 20 世纪 80 年代初。那段时间，这类医疗事故频频发生，致使医院与公众的关系紧张（美国广播公司曾对此大肆曝光）。必须要有所行动了！在小埃利森·皮尔斯医生的领导下，麻醉学界开始着手处理此事。当时，摆在这些麻醉医师面前的根本性决定就是：是想方设法压制抱怨呢，还是彻底找出问题的解决之道？他们选择了后者。

医师们采取了很多补救措施，其中有些至少在事后看来，效果是显而易见的，比如，对医疗设备进行改进。长期以来，福特和通用是两家最主要的麻醉设备制造商，两家的产品模式大体相近，只有一个非常关键的差别：福特生产的设备，控制阀是按顺时针方向旋紧的，而通用生产的设备，控制阀是按逆时针方向旋紧的。麻醉师有时会弄不清自己手头的设备到底该朝哪个方向去拧，因此常弄错方向。解决这一问题的办法就是把设备标准化，这样，大家就不需要先分辨器械再动手了。

其他补救措施则看起来稍微复杂些。麻醉医师们借鉴了航空飞行手册中的方法，列出了一份手术操作步骤清单。这样，他们就不会再遗漏什么重要事项了。此外，他们还着力改变自己的态度，纠正人们头脑中医生在手术室里“无所不能”的观念，鼓励护士和其他相关人员在看到医生——尤其是麻醉医师——操作失当的时候，大胆地讲出来。这种鼓励挑错的方式被称作“降低权威梯度”，它已经被证明是一种可以有效减少失误的方法。总而言之，这些调整就是要求麻醉医师了解自身的局限。然后让他们重新设计自己的工作环境，使之能够应对自身的能力局限。这是我们大多数人都很难有机会去做的事。

这些措施取得了显著的效果。在过去的 20 年间，因麻醉致死的病人数量减少为原来的 1/40，由原来的每 5 000 个病例出现一次，锐减到现在的每 20 万～30 万个病例出现一次。与此相关的医疗事故保险费也降低了——相比之下，其他内科医生的医疗事故保险费却在持续上升。

对此，你也许会说:“这的确太棒了！可如果我不做手术的话，这事儿跟我有什么关系呢?”我希望你能明白，关系很大。

时刻警惕，方为上策

在了解了麻醉医师采取的更多补救措施之后，我开始看到，他们的错误和我们所犯的错误之间是存在联系的。像他们一样，我们许多人所处的工作环境和生活环境，都倾向于提高我们犯错的概率。到你家邻近的杂货店里随意转一下，你就肯定能注意到商品是如何标价的。例如桃罐头的标价是“每罐 25 美分”还是“4 罐 1 美元”？如果是后一种标价方式，你就更容易被诱导去买更多的罐头，而实际上，你可能并不需要买那么多。有一项研究表明，当为多个商品设定一个价格时（4 罐 1 美元），比起为商品单独标价（每个 25 美分），前者的销售额要高 32%。

对于我们的日常生活来说，多买几罐桃罐头算不上犯了多大的过错。但是，这个例子却很能说明问题。杂货店的老板在你不知情的情况下，操控你考虑购买多少罐头。他的方法就是，让你的购买数量以数字 4 为基准。同样的效应影响着我们做很多决策，不仅是买几罐桃罐头这样的小事，还包括很多大事，比如买房子。

在后面的章节中，我们将会讨论一系列类似的错误，从在健身房选择付费方式，到选择高尔夫球杆等。那么，怎样才算犯了一个错误呢？我们把“错误”的定义放得宽一点儿，就像字典里定义的那样。

[错误]名词。1. 不当地理解一件事物的含义或者暗示；2. 由有

缺陷的判断、知识不足或粗心导致的失误的行为或者陈述。同义词：参见失误。[①]

比如，我们会探讨，你为什么很少忘记某个人的长相，但却经常记不住他的名字；男人和女人分别会犯什么样的错误（你可能已经猜到了，男人和女人会犯不同的错误）。此外，我们还会研究，生活中总是出现的那些让人烦心的小事，根源到底是什么？比如，为什么你急着想要喝罐啤酒的时候，却不能在冰箱里找到它。我们会揭示，商业机构是怎么利用我们的某些心理或者行为倾向，并采取一些刺激手段来招揽顾客的，像那些开办信用卡时让你心痒的利率，还有那些你明明知道根本就不会用到的折扣。

我们还会探讨，采用何种方法可以减少犯错的机会。当然，没有什么能让人与错误绝缘。许多导致我们犯错的倾向，深深地盘踞在我们的内心，想要把它们连根拔除是非常困难的。比如，不可靠的信息确实很难被遗忘或忽略——你明明知道那是错的，或应当置之不理，但还是会情不自禁地受到它的影响。有证据表明，这样的现象确实存在，它不仅在动辄数百万美元的谈判中发挥着作用，而且在日常生活的决策中（从购买房产到购买避孕套）发挥着影响。

尽管如此，想要避免错误的发生，我们还是可以有所作为的。就像前文中的麻醉医师那样，我们可以采取许多补救措施和办法，而且有些措施看起来还是非常显而易见的。例如，“好好休息”对很多事情就很有帮助——尽管可

① 有些研究人员对不同的“错误”类别进行了区分。有人区分了由战略或计划的失误导致的大错误，和只是由于具体操作失当出现的小失误，或者叫“过失”（比如开车的时候想要踩刹车，结果踩在油门上了）。还有人区分了在过程中发生的错误和作为结果的错误。自然，正确的操作过程有时也可能导致错误的结果。尽管这些区分都有其意义，但对于本书的目标而言，它们并不重要。

能不是在你想的那些方面。睡眠不足不仅会影响我们的日常生活，还会让我们表现出一种无谓的冒险倾向（这有助于解释，为什么许多赌博场所都是 24 小时营业的）。而让心情愉快起来也可以使我们少犯错误，幸福感会带来井井有条的思路，在解决问题时（不仅在市场营销、广告策划这些需要打动人的情感领域，而且包括医药业等需要理智地运用大脑的领域）还会给我们带来更为灵活的方法。不管你相不相信，悲观一点儿，或者说“别自我感觉过于良好”也会有所助益，尤其是在你需要做出决策的时候。这是因为，我们大多数人都会过于自信，而“自信过度”正是导致犯错的一个重要原因。

了解事情发生的“情境”也极有必要，尤其是当你想要记住一些东西的时候。有研究表明，记忆是重构，而不是再现。不论你想回忆什么事情——一张脸、一个名字、一份清单——回到它原来出现时的具体情境，肯定会大有帮助。有这样一个经典的实验：研究者让一组学生戴上“自携式水下呼吸器”到水里学习一组单词；另外一组则留在地面上学习。可以肯定，那些在地面上学习单词的人，在地面环境测试记忆的效果更好；而在水下学习单词的学生，在水下环境测试记忆的效果更好。对于那些喜欢喝酒的人，这个道理同样有效——在微醉状态下学习效果更好的人，在同样的状态下接受测试，效果也更佳。

> 同理，在微醺状态下学习效果更好的人在同样的状态下接受测试，效果会更佳。

当然，很少有人会在水里记什么东西，更没什么人非要喝到微醺才去学东西。不过，这个实验说明的道理在我们的日常生活中同样适用，甚至还可以在一些非常微小的时刻发挥作用。比如，把孩子带到他昨天去过的公园（重现情境），这时候让他回忆上次来时的情景，孩子的表现就比把他放到教室里提问他好得多。你可以带自己的孩子尝试一下，看我说的是否有效。

我们犯的许多错误，就是由这样一些非常细微的原因造成的。我现在已经学着把它们看作人人都会遇到的“膝关节交锁症”，一种我们能够处理但却无法消除的弱点。如果我们用某种方式行走，我们的膝关节就会出问题；如果我们用其他方式行走，膝关节的活动就不会出问题，至少不会频繁地出问题。我希望，通过下文对这些弱点的探查，我们都可以学会以正确的方式行走。通过分析哪里做得好，哪里总出问题，我们也许就能扬长避短了。和圣布赖兹村的那些治安员一样，我们都可以从对自身局限的了解中获益。

第 1 章

为什么我们视而不见？

我们很难发现电影里的穿帮镜头。那些原来没有被检测出病变的人的 X 光片，有 90% 本来就可以清楚地看到肿瘤的存在。我们之所以对这些视而不见，是因为我们清晰的视觉区域实际上不超过一枚 25 美分硬币的大小。

一个人走进一间酒吧，他的名字叫作伯特·雷诺兹[①]。没错，就是那个伯特·雷诺兹。只不过那时他刚刚开始自己的演员生涯，不像现在这样声名显赫。谁都不认识他——包括吧台尽头那个肩膀又宽又厚的人。

雷诺兹坐的位置离那个人只有两个凳子远。他正喝着啤酒和番茄汁，就听见那个大个子突然大声嚷嚷起来，骚扰近旁的一对年轻的情侣。雷诺兹让他说话注意点儿。于是，那家伙转过头朝向雷诺兹。

为了不让我的讲述影响你对接下来发生的故事的判断，还是听一听雷诺兹自己是怎么说的吧——这是他在接受《花花公子》杂志采访的时候，回忆自己当年的生活时讲的。

> 我记得，当时我看了一眼脚下，调整了步子，右脚踩在后面的黄铜扶手上，回身一记右勾拳，重重地打在那个大块头的脑袋上。随着一声爆响，那个家伙顺着我的拳头飞出了凳子足有15英尺[②]远，然后重重地栽倒在过道上。他的身子飞在空中的时候，我才注意到，他竟然没有双腿。

事后，雷诺兹离开时才注意到，那人的轮椅被折叠起来，一直放在酒吧的门边。

把一个没有双腿的家伙一拳打飞，确实很惹人注目。我们对这件

---

① 伯特·雷诺兹，美国演艺明星。1959年在电视剧《内河渡轮》中首次亮相，然后开始在一些影片中扮演小角色。1972年，以一张刊登在全球性杂志上的裸照打响了知名度。1977年，凭借卖座片《追追追》一跃成为当时颇具票房号召力的明星。20世纪80年代，他曾重返电视圈。1997年，因出演《不羁夜》荣获金球奖最佳男配角奖。近年多以配角亮相。——译者注

② 1英尺约为0.3米。——编者注

事情进行剖析的目的并不在于腿的问题，而是在于眼睛的问题。尽管雷诺兹在揍那个家伙时，是目不转睛地看着那人的，但是他根本就没有看到本应看到的一切。这种错误在人类所犯的错误里非常普遍，研究者称之为“视而不见”之误。当我们在看一件事物（或者一个人）的时候，我们觉得自己看到了一切，但实际上，我们并没有。我们常会遗漏一些重要的细节，就像刚才故事中的腿和轮椅，甚至是更大的东西，比如一扇门或一座桥。

我们的观察存在局限性

我们为什么会对某些东西视而不见呢？为了理解这个问题，我们需要了解一下眼睛和它基本的工作原理。眼睛并不是摄像头，它无法拍下某个场景的照片，而且它不能一下子就看到视线中的一切。不管在什么时候，眼睛能够清晰看到的区域，只是全部视线所及区域的一部分。比如，在正常的观察距离内，清晰的视觉区域实际上不超过一枚25美分硬币的大小。眼球每秒大约有3次转动和停止。眼睛通过不停地四处张望，来突破自身的上述局限。

> 女性更关注那位被盗女士的外貌和行为；而男性则更留意那个偷东西的小偷。

眼球转动的时候，眼睛到底能够看到什么，这取决于是谁在看。比如，有证据表明，男性和女性通常会看到不同的事物。同样是在关注一个小偷偷一位女士钱包的场景，女性会更注意那位被盗女士的外貌和行为；而男性则更留意那个偷东西的小偷。在记忆物体的方位时，习惯用右手的人比习惯用左手的人有着更准确的记忆力。多年以前，海尔－波普彗星曾在夜晚的天空呈现出一道辉煌的景观。随后，英国的研究人员分别询问习惯用右手和习惯用左手的人，问他们在观察彗星时是否注意到彗星是朝哪个方向飞行的——习惯用右手的人比习惯用左手的人更能清晰地回忆出彗星是向人们的左手方向飞行的。人们的方向偏好也和惯于使用哪只手有关系，比如在十字路口被迫转弯时，习惯于使用右手的人倾向于右转，而习惯于使用左手的人倾向于左转，至少美国的情况是这样。因此，有研究者建议说："大多数人在商店、银行或医院之类的地方排队的时候，应该多留意自己的左侧，这样往往可以找到更短的队列。"

"大多数人在商店、银行或医院之类的地方排队的时候，应该多留意自己的左侧，这样往往可以找到更短的队列。"

为什么专业人士的洞察力更强？

实际上，我们到底能看到什么，不仅取决于性别和双手的使用偏好，还会受到我们职业的影响。研究调查表明，不同的人对同一个场景有不同的观察方式。假设你是个高尔夫球手，或者说得更好一点儿，你是一位技艺高超的高尔夫球手。你在和一位朋友打球，他的球技和你比起来稍显不足。你从球座开出的球飞入球道，现在轮到你推杆入洞，这时候你观察球的方式，和你的那位朋友会是一样的吗？

可能并不一样。

为什么呢？因为专业人士和初学者在看待同一件事情上总会有所不同，其中一个差别和我们所说的"冷静观察期"有关。所谓的"冷静观察期”，是指需要用于精确调整运动反应的一段时间。这段时间是我们对目标的最后一瞥和我们的神经系统开始对此做出反应之间。研究表明，在很多运动项目中——从我们在篮球场上罚球到奥运会上的气步枪射击比赛，专业选手和初学者在“冷静观察期”上都存在差别。各种研究共同的发现是，专业选手的“冷静观察期”普遍要比初学者长。

在推杆入洞前的最后几秒，高素质的高尔夫球手会目不转睛地盯着球看，很少把目光转向球棒或者其他什么地方。而缺乏专业训练的高尔夫球手，不会长久地盯着球看，而是时不时地看向击球的球棒。在高尔夫运动中，拥有出众的好眼神是非常重要的。世界上许多最伟大的球手，包括“老虎”伍兹，以及另外至少 7 名美国职业高尔夫球协会锦标赛冠军，都曾经通过实施“准分子激光原位角膜磨镶术”[①]，把视力矫正到 20/15 或者更高。这意味着他们可以在 20 英尺之外清晰地看到正常视力的人在 15 英尺之内可以看清的东西。运动设备制造巨头耐克公司甚至推出了一种专门减少视觉干扰的推杆。这款名为“IC”的推杆的市场售价为 140 美元。它的球杆和手柄都是绿色的（可以和球场上草地的绿色融合，以避免分散球手的注意力），而且刀背式球头的前缘和 T 形的瞄准线都被设计成白色，这样，球手就可以把注意力更好地集中在球杆和高尔夫球接触的那个部位了。

我们只能注意到自己关注的内容

不管我们是专业人士还是技艺不精的外行，即使是那些拥有良好

① “准分子激光原位角膜磨镶术”，简称 Lasik，是一种通过激光改变角膜的弧度来改善视力的手术。——译者注

视力的人，也会出现令人震惊的“视而不见”的错误。令人迷惑不解的形式之一，就是对变化的视而不见。也就是指，有时在遭遇短暂的视觉干扰时（甚至像眨眼这样的干扰），我们会觉察不到眼前场景中的重大变化。

几十年前，有一个实验把这种对变化的视而不见带来的重大影响充分展示了出来。这是一个设计简单但看起来有些顽皮的实验。实验的设计者是康奈尔大学的丹尼尔·西蒙斯和丹尼尔·莱文。他们找了一些愿意充当“陌生人”的实验者，让他们在校园里向过路的人问路。你可能都猜到了，这个实验中有一个意想不到的设计。当这些“陌生人”和过路者交谈的时候，研究人员会安排两个人走上前去粗鲁地打断他们的谈话——方法就是让这两个人抬着一扇门从他们中间穿过。其实，谈话被打断的时间很短，大约只有 1 秒，但是在这 1 秒内，会发生一个重要的变化。抬着门的两人中的一个，会和问路的那个“陌生人”对调一下。当那扇门被抬过去后，新替换上来的这个人还站在原来那个过路人的面前，继续和他交谈，就像刚刚什么事情都没有发生过一样。那些过路的人能够注意到和他说话的人已经换成另外一个人了吗？

实验结果显示，在大多数情况下，这个变化没有被注意到——15 个过路人中只有 7 个人注意到了这个变化。

电影里的穿帮镜头

在上面的情境中，你可能会不自觉地认为“我应该能注意到那样的变化”。当然，你可能真的能注意到。但是，想想看：你可能也看到过数不胜数的类似变化，而实际上你从来都没有留意过——就在你看过的电影里。许多人都知道，电影里的很多场景并不是按照放映顺序拍摄的，而是以不同的顺序拍摄，然后被剪接到一起。不同场景之间的拍摄间隔，有的长达数月，有的甚至长达数年。这种做法经常造成电影界一些令人尴尬的错误，比如在剪辑方面的失误。

剪辑失误长期以来一直让电影界迷惑不解。好莱坞的史诗巨片《宾虚》(*Ben-Hur*) 就是一个很好的例子。[①] 这部影片于 1959 年上映，男主角宾虚由查尔顿·赫斯顿（Charlton Heston）扮演，该片赢得了包括最佳影片在内的 11 项奥斯卡大奖——比当时任何一部电影拿到的奥斯卡奖项都要多。尽管如此，它还是无法和失误说再见，比如那场著名的战车追逐戏。这个片段在电影中持续了大约 11 分钟，却花了 3 个月的时间才拍摄完成。在战车追逐的过程中，米撒拉用有锯齿的轮轴毁坏了宾虚的战车。可是，如果你仔细观察的话，你就会留意到，在这段战车追逐戏的最后，宾虚的战车看上去根本就没有受到过什么损伤！不仅如此，电影前后期战车的数目也不一致。在这场戏开始时，有 9 辆战车，其中 6 辆在追逐中被毁坏了，那么在该追逐片段的结尾时应该有 3 辆战车，但实际却在镜头中出现了 4 辆。

好莱坞雇用了一些专门检查这类错误的专业人员，他们的正式职务叫作“连贯性剪辑师”，或者叫作“剧本指导”，当然，人们更习惯叫他们“女场记”，因为这类工作一直都由女性承担。尽管她们工作很认真，但还是无法发现所有的错误。

---

① 《宾虚》改编自卢·华莱士的同名长篇小说。故事发生在古罗马军队侵占耶路撒冷时，当时的古罗马皇帝派遣指挥官米撒拉前往耶路撒冷镇压叛乱。宾虚是犹太王子，他和米撒拉在竞技场展开了一场惊心动魄的战车角逐。在历经种种波折与磨难后，宾虚最终找到了自己的归宿和信仰。——译者注

“对人而言，做到那种程度是不可能的。”克莱尔·休伊特说。她给很多类型的电影做过剧本指导，从纪录片、电影短片到电影长片，甚至还有功夫电影。她说，面对一个给定的场景，你能做到的最好的状况就是抓住最重要的事情。即便如此，这项工作也是说起来容易，做起来难。

休伊特讲述了自己曾经的一个过失，那始终令她难以释怀。这个错误是她在第二次做剧本指导时出现的。那次剧组拍摄的是一部短片，讲的是关于一个男人和一个女人的故事。男女主人公住在同一幢公寓的两间紧挨着的房间里，电影本来应该在他们各自居住的房间分别进行拍摄，但是，制片人在这里“蒙骗”了观众，他们让两个演员在同一个房间里分别拍摄。当然，这就需要重新装饰房间，以使其在不同场景中看起来分别属于两位不同的主角。尽管这样做有些麻烦，但可以节省租房的成本。

失误出现在电影非常关键的一个场景中。当时，女主人公终于碰见了她的男邻居。“你会看到她倚在门上，侧耳倾听那个男人是否在门外的大厅里，接下来，她走了出去，”休伊特说，“但是房门被打开时的朝向是错误的。”

休伊特自己一直没有留意到这个错误，直到她母亲的男朋友提及此事，她才注意到。“人们喜欢把你所犯的错误全都挑出来。”休伊特说。确实，许多网站是专门为了挑电影里的衔接错误而创建的（当中非常火的是一个英国的网站，叫作“电影错误网”，创办人乔恩·桑迪斯从 17 岁开始就一直热衷于整理电影里的穿帮镜头）。休伊特的事例给了我们一个很重要的启示，那就是：对他人而言非常明显的失误，我们却可能视而不见，不管我们多么努力想找出它们，结果也是徒劳。

好啦，你可能会说，像房门开错方向这样的小失误，的确是很容易被忽视的，这又有什么关系呢?但如果是更大的失误，更重要的事情的失误呢?

这就是莱文和西蒙斯想要发掘的，为此他们还拍摄了独家影片。这一次，他们不仅改变了场景拍摄的地点，还更换了演员。在拍摄过程中，总有一个演员被另外一个演员替换。例如，在一次拍摄中，一个演员穿过一间空教室后坐到一把椅子上，紧接着，镜头变换，或切换到近景，这时候找另外一个演员来完成这个新镜头的拍摄。影片拍摄完成后，40 个学生观看了这部电影，只有 1/3 的人注意到了其中的变化。

在看完电影的学生中，只有 1/3 的人留意到电影中的演员换了一个人。

人们通常会忽视细节

我们在观察事物的时候，会本能地相信自己看得非常详细，并且自信地认为自己能注意到其中发生的任何变化。在西蒙斯看来，正是这样的想法让“对变化的视而不见”变成了一个很有意思的问题。他说:“人们一贯的看法是，一些意想不到的变化会自动吸引我们的注意力，我们的眼睛会自然地看到它们。”比如，在前面的“门”的实验中，就单独有这样一部分:西蒙斯和莱文找了 50 个人来参加他们的测试。在向这 50 个人解释完实验的情况后，他们问大家是否相信自己能够发现实验中出现的变化，如果相信自己能注意到就举手，结果 50 个人全都举了手。

西蒙斯说，在我们的视线范围内，眼睛能够清晰看到的只有两度[1]。这并不是一个很广的范围，握住你的拳头，把胳膊伸出去，然后竖起你的大拇指，这根拇指的宽度大约就是两度。在电影院时，你可以冲着电影屏幕伸出拇指，这时候你就能意识到眼睛能够看清楚的范围到底有多小了。超出了这个范围，眼睛所能看到的东西就会越来越模糊。没错，我们可以通过这一清晰范围以外的周边视域看到一些东西，这也是《帝企鹅日记》这类在宽银幕[2]影院里放映的影片那么受欢迎的原因。但是，我们通过周边视域捕捉的都是一些大致的、模糊的内容。“你看不到企鹅身上的每一个细节。”

> 眼睛能够清晰看到的范围只有两度。握住你的拳头，把胳膊伸出去，然后竖起你的大拇指，这根拇指的宽度大约就是两度。超出了这个范围，眼睛看到的东西就会越来越模糊。

我们能够注意到的细节在一定程度上取决于我们如何定义自己。比如在前面那个“门”的实验中，西蒙斯和莱文发现，那 7 个观察到变化的路人身上存在一个共性：他们都是与那些“陌生人”年龄相仿的学生。在某些方面来说，这个发现没有什么值得大惊小怪的。社会心理学家已经表明，我们对待和自己同属一个社会群体的人的方式，与对待不同的社会群体中的人的态度是不一样的。黑人在遇到白人的时候（反过来也一样），他们的行为举止和他们遇到自己种族的人时是不同的。同样，富人遇到穷人，年轻人遇到老年人，男人遇到女人，他们的行为方式也存在差异。但是，西蒙斯和莱文想知道的是，人类

① 两度，这里指 360 度圆周范围的 1/180。——译者注

② 宽银幕（IMAX，即 Image Maximum 的缩写），意为“最大影像”，是一种能够放映比传统胶片更大、解像度更高的电影的放映系统。——译者注

行为举止上的这些差别会影响他们如何看待他人吗?

为了回答这个问题，他们重复了“门”的实验，而且这一次他们依然邀请了当初那些扮演“陌生人”的学生。不过这一次，这些“陌生人”不像大多数学生那样穿着休闲装，而是穿着建筑工人的服装，戴着安全帽。在这次实验中，他们只接近那些和他们年龄相仿的人。这些“建筑工人”总共遇到了12位路人，在这12个人中，只有4个人注意到那扇门经过的时候对面已经换人了。也就是说，让实验者换上建筑工人的服装似乎足以改变这些学生看待他们的方式。在该场景中，实验者没有被看作彼此区别的独特个体（就像他们穿休闲装时那样）——受试者把这些人看作另外一个群体的成员了。

一个没能注意到其中变化的路人在事后被告知这是在进行实验。她在接受采访时说自己只看到一个“建筑工人”，并没有注意到这个人的具体情况。也就是说，她只是迅速地把那个问路人看作一个“建筑工人”，并没有注意到具体的细节——比如发型、眼神或是笑容等能够让她把问路者看成一个个体的信息。与此相反，她在自己头脑中形成的只是一个类别的表征——一个刻板印象。在这个过程中，她把整个场景中视觉上的具体信息全部转换成了一种更为抽象的对事物意义的理解，她只是浮光掠影地扫视了一下，而那些具体信息则被忽略了。

> 视觉捕捉到的具体信息和该事物的意义之间存在一种互换关系。换句话说，我们在明确事物意义的时候，它的那些具体信息就被忽略了。

正如我们在后面的章节将要看到的，我们经常会浮光掠影地扫视一些事物，只是得出走马观花的大致印象。不过，对绝大多数人而言，眼睛一瞥得到的信息也就够了——至少在大多数情况下是这样。如果我们在街上从一个建筑工人身边经过，我们没有必要去仔细观察他的脸庞，毕竟，我们无须知道他到底是谁，我们只要大致明白他是做什么的就可以了。如果我们在做出这种简要区分时，能够有所觉察，则不会有什么问题。问题是，在我们没有仔细观察的时候，我们却认为自己已经观察了。我们只是不知道自己的观察是浮光掠影而已。

有些错觉在所难免

我们现在已经明白，对于变化视而不见是一种视觉错误。然而，明白自己很容易受到这类事情的影响，并不能真正消除这些影响，我们还是一样地容易上当受骗。我没法在这里扛着一扇门从你面前经过，不过我们可以看看图 1-1 所示的这两张桌面，你觉得哪一张更大呢？

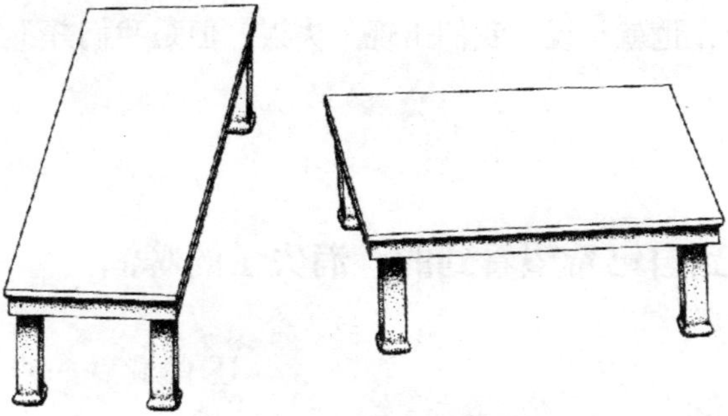

图 1-1　哪张桌面更大

答案是，它们是完全一样的。难以置信吧？左边的桌面无论是在面积还是形状上，都和右边的一模一样。如果你还是不信，可以裁出一张与某张桌面相同大小的纸片，然后盖在另一张桌子上比较一下。

然而，有趣的是，我们知道这是一种幻觉，但无法纠正这种幻觉带给我们的影响。无论你看多少次，这两张桌子的形状看上去还是不一样的。

这两张桌面是斯坦福大学著名教授罗杰·N.谢巴德设计的。谢巴德教授从年轻的时候开始就是一个爱开玩笑的人，有一次他偷偷把姐姐屋子里的家具全都搬了出去。谢巴德一直非常喜欢用这类视觉把戏来说明一些更大、更严肃的问题。在这个例子中，他的这幅图被称作“转桌面”图形。这个图形不仅可以说明我们的知觉运作方式是深深植根于神经系统的，还能说明这种运作几乎是完全自动化的。因此，我们无法看到一幅图真实的样子——在一张平面的纸上，由几条线段构成的一种模式。相反，在一定的条件下，这种图像模式会激活大脑中负责解读三维信息的神经回路。不仅如此，这个过程还应该是神不知鬼不觉地自动完成的。如果没有人告诉我们上面两个看起来并不一样的图形实际上是完全一样的，那么我们就没有理由怀疑自己会误认上面的图形，也就是说，我们出现了失误，但是我们并不知道自己出错了。

我们会看到自己希望看到的：消失了的啤酒

> 如果你不常看到一件东西，你就总也看不到它。

还有最后一点需要注意：我们到底能看到什么与我们想要寻找什么有关系。大体来说，我们会看到自己希望看到的。常见的东西更容易引起人们的注意，很少被人们看到的东西则不容易引起注意。

杰里米·M. 沃尔夫说：“如果你不常看到一件东西，你就总也看不到它。”沃尔夫博士是哈佛大学医学院的眼科教授，他擅长的研究领域是视觉搜索。在这一领域，研究人员试图回答的问题是：我们是如何发现自己寻找的东西的。比如，我们是如何在冰箱里面找到想喝的啤酒的。

这个问题并不像看上去那么简单。你可能会直接到冰箱的食物架上寻找，因为你通常把啤酒放在那里。但是，如果为了给其他食品腾位置，啤酒被挪到别的地方了呢？在这种情况下，你可能会根据装啤酒的瓶子或者罐子的形状来找，但一罐可乐就很像一罐啤酒，你可能会把它们弄混。你可能需要花费很多精力，用很长的时间，才能找到你要找的东西。

我们生来就知道要放弃

现在看来，用眼睛观察真的是一件很困难的工作，但是到底有多困难呢？大多数人很难真正体会。大多数天生双目健全的人对视觉的存在习以为常——一直以来，我们都可以轻而易举地看到周围的一切，只要抬抬眼皮，一瞬间，一切就都自动映入眼帘了。但是，那些曾经失明的人要学着看周围的世界，就是一种苦恼的经历了。在第二次世界大战爆发之前，德国的研究人员玛利乌斯·冯·森丹曾经收集并发表西方世界近 100 个因白内障致盲、手术后重新复明的案例。

在这些病人中，有许多人是重新学会观察这个世界的，他们把这个过程称为一段充满挫折与磨难的经历。冯·森丹在报告中说，有一个人尝试着冒险外出，站在伦敦的街头，他“变得非常迷茫，以致再也看不清任何东西”。另外一个人则无法判断距离——“他脱下一只靴子，朝自己的前方扔去，然后试着判断靴子的具体位置。他朝着靴子所在的地方走了几步，然后努力想去抓起靴子，但没能抓到。于是他又继续向前走了一两步，然后继续摸索靴子，直到最后把靴子拾起来。”还有一个男孩认为学习看东西太难了，于是他痛苦万分，威胁说要把自己的双眼挖掉。这确实是一个让人痛苦和气馁的过程，许多人干脆放弃了再去观看这个世界。

同样的情形也发生在那些寻找自己不常看到的东西的人身上。在最近的一次实验中，沃尔夫博士和同事们在波士顿布里根妇女医院的“视觉注意实验室”，让参加实验的志愿者观察几千张图像。每一张图像都被放在非常繁杂的、充满其他事物的背景下（相当于放满东西的冰箱）。他们要求志愿者报告自己是否看到了某件工具，比如扳钳或者锤子（相当于要寻找的啤酒）。

当这个工具多次出现时——在实验的一半时间内就是这样的——志愿者都辨识得非常好，错误率只有 7%。但是，当工具出现的次数很少的时候，比如每 100 幅图像中只出现 1 次，志愿者的表现就会直线下降，错误率迅速上升到 30%。

为什么呢？因为他们放弃了，不愿意再去尽力辨识。沃尔夫博士的实验表明，观察者存在“退出阈值”，意思就是，在特定的一段时间内，如果自己还是找不到规定的物品，就干脆放弃，不再去找了。通常而言，观察者在寻找屡屡失败时，会放慢自己的寻

观察者存在“退出阈值”，意思就是，在特定的一段时间内，如果自己还是找不到规定的物品，干脆就放弃，不再去找了。

找速度；而取得成功后，会加快自己的寻找速度。观察者在寻找在实验中很少能看到的那些东西时，基本上每次报告“没看见”都不会犯错，所以他们倾向于加快自己放弃的速度。

沃尔夫博士发现，实际上，实验中的被试在还没坚持到找到目标物所需的平均时间时，就会放弃寻找。就像冯·森丹记载的案例那样，他们干脆放弃了。

这个故事告诉我们的是，我们生来——或者说是我们的身体——就会在不大可能找到目标的时候尽早放弃。沃尔夫博士说，在大多数情况下，这种方式都运转得很好。“我的意思是，花费大量时间去寻找根本无法找到的东西，这样做实在是太笨了。”

请把枪械放在你头上的行李箱中

当然，除非你的工作就是花大量时间去寻找平时并不存在的东西。例如，你的工作是寻找枪械或者恶性肿瘤，人们可不希望你早早放弃，这类工作需要你一直坚持到最后。

无论是机场的包裹安检人员，还是医院的放射科医生，都是在花大量时间寻找平时很少看到的东西。就拿医院的放射科医生来说吧，检查乳房 X 光片发现肿瘤的概率通常只有 0.3%。换句话说，在 99.7% 的情况下，医生根本就找不到异常的东西。而机场安检部门发现枪械的概率比这还要低。根据美国运输安全管理局的统计，2004 年乘飞机旅行的乘客有 6.5 亿人次，但是机场的安检员发现枪械的情况只有 598 次，也就是说，这种情况在每 100 万名乘客中只会出现一次——这是真正意义上的百万分之一的概率。

这并不奇怪，这两种职业都存在很高的失误率。有好几项研究都表明，放射科医生的失误率一直徘徊在30%上下。癌症的种类不同，失误率也不大一样——对于其他癌症类别，失误率可能会更高。在一项令人不寒而栗的研究中，梅奥医学中心的医生回过头去检查那些原来没发现问题，但最后还是患上肺癌的病人的X光片。他们发现了一个恐怖的事实：在这些病人原来的X光片中，有90%可以清楚地看到肿瘤的存在。不仅如此，研究人员还注意到，癌症呈现在X光片上的癌变信息，在“几个月甚至几年”前都是能够被发现的，但这些信息就这样硬生生地被放射科的医生们忽略了。

> 有一项研究发现，那些原来没有被检测出癌变的病人的X光片，有90%本来就可以清楚地看到有肿瘤的存在。这些在“几个月甚至几年”前就能被查出的症状，就这样硬生生地被放射科的医生们忽略了。

我们接着再来说说在美国各个机场工作的5万名安检员。联邦政府不会想让公众知道，这些安检员犯错的概率有多高。2002年的一次测试表明，他们在检查中会遗漏25%的枪械。两年之后，纽瓦克自由国际机场又做了一次类似的测试，失误率几乎相同，还是25%。2006年，美国运输安全管理局的工作人员穿着便衣，把炸弹材料和爆炸物放在随身携带的行李中，在芝加哥的奥黑尔国际机场进行试验。结果，60%的行李都顺利通过了机场的安检。在洛杉矶国际机场，测试结果甚至更糟：安检人员放行了75%的装有爆炸物的行李。①

① 美国运输安全管理局的发言人表示，安检人员的表现自2006年起已经大有改进，其中部分原因可能要归结于运输部现在检查的物品的类别已经更加广泛了。但是，发言人拒绝提供当前安检失误率的数字，其理由是“这些检测结果不适合广泛传播”。

除此之外，你还要记住，他们是经过专业训练的人员，是专门处理这类关系公众安全的事务的。想想你我这样的普通人又会怎样？在从周围的世界中寻找重要事物的时候，我们自己的表现又会如何呢？比如，你能明确地分辨出曾经攻击你的坏蛋吗？

第2章

大脑喜欢记住什么，忘记什么？

你能记住一枚硬币的多少细部特征呢？在参与实验的20个人中只有1个人——一位狂热的硬币收藏者——准确地回忆起了硬币的图案，并摆对了所有8个关键特征的位置。对某个人的记忆也是如此，如果你想记住某个人，你可以试着对他的面部特征多做几次判断，比如看他是不是诚实可靠。

20 世纪 70 年代，著名心理学家哈里·巴利克进行了一项具有里程碑意义的研究，任何一个刚刚参加完班级聚会，或是正要参加这类聚会的人，都会对这项研究感兴趣。巴利克和他的同事让数百名已经高中毕业的人观看他们的毕业合影，看他们是否记得自己同学的面孔。他们的研究对探寻人类大脑的记忆力很有帮助。研究表明，高中毕业几十年之后，以前同班同学的面孔在人们头脑中的印象基本上还是很深。甚至经过近半个世纪的时间，人们还能辨认出 73% 的老同学的面孔。

但是，对名字的记忆就是另外一回事了。巴利克发现，相对而言，人们对名字的记忆力要糟糕得多。在将近 50 年之后，人们大约只能记得 18% 的同班同学的名字。无论出于何种原因，名字在我们的记忆里都不是那么牢靠，或者说非常模糊。这常常导致我们把自己的小舅子鲍伯称作罗伯，或者把大作家欧内斯特·海明威叫成欧内斯特·博格宁。[①]

大脑认为细节不重要，意义才重要

为什么我们能记住人的面孔，却记不住与面孔相连的名字呢？这个问题的部分原因在于：在我们的大脑中，意义才是王者，而细节并不重要。我们的长时记忆是有限的，即使是对那些看了成百上千次的东西来说也是如此。长时记忆主要是以语义形式存储的，这意味着在日常回忆一些东西的时候，我们想到的是它们的意义，而不是它们的具体细节。我们以一枚普通的硬币为例，你能记住这枚硬币的多少细部特征呢？在一个非常有名的实验中，雷蒙德·尼克森和马里琳·亚当斯这两

① 欧内斯特·海明威，美国作家，1954 年获诺贝尔文学奖。欧内斯特·博格宁，美国电影演员。——译者注

位研究人员问的就是这个问题，而他们得到的答案着实让人大吃一惊。

在测试中，尼克森和亚当斯要求 20 个受试者做一件乍一看很容易的事情：根据记忆，画出一枚 1 美分硬币的正面和反面。(如果你对此也感兴趣，可以在继续看下去之前花几分钟画一下。一定不要偷看硬币的图案！）亚当斯对受试者画出的图案打分，看这些人记忆的准确率如何。准确率的衡量标准是看被试画对了硬币上 8 个典型图案特征中的几个，比如林肯总统的头像是不是在正面，以及林肯纪念碑是不是在硬币的背面。

结果令人大跌眼镜。

20 个人中只有 1 个人——一位狂热的硬币收藏者——准确地回忆起了硬币的图案，并摆对了所有 8 个关键特征的位置（可能对他而言，这些特征都有着特殊的意义）。在这 8 个特征中，人们能够回忆起并能摆对位置的特征的平均数只有 3 个。有趣的是，最容易被忽略的特征是“自由”一词，它就出现在硬币正面的显眼位置、林肯头像的左边。(如果你也凭记忆画了一幅图，那就找一枚真实的硬币来比较一下，看画对的部分是否超过了 3 个。)

> 20 个人中只有1个人——一位狂热的硬币收藏者——准确地回忆起了硬币的图案，并摆对所有 8 个关键特征的位置。

硬币测试的结果让尼克森和亚当斯很吃惊，他们决定做一些后续实验，以便弄清楚其中的原因。他们想知道如果人们无法准确地回忆起硬币是什么样子的，那他们是否可以区分伪币与真币。

为了获得新的测试结果，他们向一群人展示了一枚硬币的 15 种正面图案，其中只有一种是正确的。参与测试的人要把唯一正确的图案挑选出来。图 2-1 就是这些图案，看看你是否能找到正确的答案。

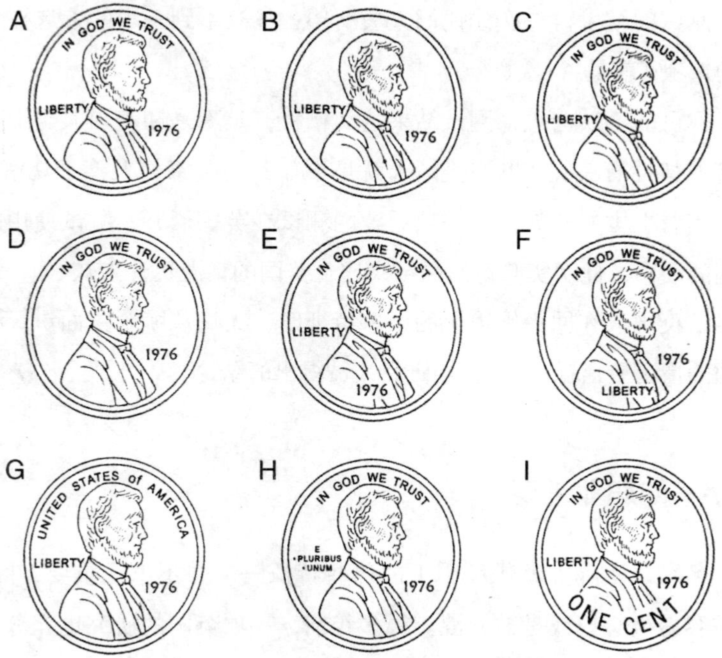

图 2–1　硬币的 15 种正面图案。其中，“IN GOD WE TRUST”意为“我们信仰上帝”，“LIBERTY”指“自由”，“E PLURIBUS UNUM”意为“合众为一”

测试的结果再一次让他们大失所望：只有不到一半的人选择了正确的选项（就是 A）。

你可能不禁会想，测试结果这么糟糕，是不是和美国人身上某些独有的特性有关呢（也许美国人就是不如其他国家的人善于观察）？但事实看上去并非如此。一项后续的测试在英国展开，测试使用的是英国的硬币，此次实验得出的结果比在美国的情况更让人灰心。“结果显示，英国人在回想硬币上的一些特征时，无论从哪个方面讲，都比美国的情况更糟糕。”这就是研究人员得出的结论。

名字不如职业重要

名字，实际上就像硬币上的那些特征——并不怎么重要，因此，也很容易被忘掉或是被弄混。很多年前，一项英国的研究也充分展示了这一点。研究人员要求人们记下传记中一些虚构的名字。每一部传记都有一个假想出来的人名，并且有一些关于他的虚假信息，比如一些和这个人的生活相关的地名（例如他的故乡），以及这个人的职业和兴趣爱好等。举个例子，在一本伪造的传记中，会有这样的描述：“一位知名的业余摄影师安·柯林斯住在布里斯托尔附近，她的主业是当地的一名卫生巡视员。”

人们能记住关于这个虚构人物的什么信息呢？

如果你认为人们能够记住的是这个虚构人物的职业，那恭喜你答对了。有 69% 的人能记住这个人的职业。紧随其后，与之非常接近的是她的爱好，占 68%。接下来是家乡，占 62%。一直到最后，人们才记得这

① 面包师和贝克尔，在英文中都是同一个单词，即 baker。——译者注

个人的姓名——能记住她名字的占 31%，能记得她姓氏的占 30%。其他研究也得出了类似的结论。出于某种原因，我们总是更容易记住一个人的职业是“面包师”，而记不住一个人的名字叫“贝克尔”。

我们总是能更容易地记住一个人的职业是“面包师”，而记不住一个人的名字叫“贝克尔”。[1]

为什么会这样？研究人员也不能确定具体的原因。但是，最合理的猜测是，名字只是主观添加的一个标签，并不意味着什么。吉姆、提姆，或者弗兰，这些名字没有什么固有的内在意义，至少对我们大多数人来说是这样的。而职业、个人爱好和出生地等信息就不一样了，它们“在语义上有更丰富的含义”，它们意味着一些东西。可能你曾经去过布里斯托尔，或者你真的是个摄影迷。如果是这样的话，这些信息就会停留在你的记忆中。这些信息有意义，但名字没有。

舌尖之误

以上认识还揭示了另外一个错误的原因，这是一种几乎影响着我们所有人的错误：某个人的名字就在嘴边，但就是叫不出来，甚至更让人难堪的是你叫错了对方的名字。研究人员把这种情况称为“舌尖之误”或“脱口之误”。这种失误简直太常见了，不同的历史阶段和不同的文化中对此都有记载，而且对大多数人来说，这种状况实际上每周大约都会出现一次。

有一个著名的“舌尖之误”出现在 1992 年的“超级碗”橄榄球赛之前。华盛顿红皮队的前四分卫乔・泰兹曼（Joe Theismann）正在接受两个新闻记者的采访。记者问他对红皮队教练、传奇人物乔・吉布斯（Joe Gibbs）的看法。乔·吉布斯一度（现在也一样）被认为是美式橄榄球界深谙进攻战略的教练之一。记者想知道泰兹曼是否会在某种程度上认为吉布斯是一个天才。

泰兹曼并不这么认为。采访一开始，他就告诉记者，“天才”一词并不适合用于橄榄球这样的体育运动。

泰兹曼说：“只有像诺曼·爱因斯坦这样的人，才能被称为天才。”

诺曼·爱因斯坦？泰兹曼实际上想说的是阿尔伯特·爱因斯坦，然而为时已晚，他的口误被《体育画报》抓住了，还上了全美新闻。没过多久，泰兹曼就成了“最没大脑”的运动员的典型代表。但我们都知道，这种失误并不像表面看上去的那么傻。

有关这类“舌尖之误”的研究都表明，这类错误大多都与正确的名称有关——比如像阿尔伯特·爱因斯坦这样的名字。为什么说是正确的名称呢？原因不明。不过，对此最好的解释是，当你的大脑想寻找一个正确的名称时，只有那么一个名称最恰如其分。如果你在想北达科他州的首府，只有一个正确答案：俾斯麦。如果你想说的是一个一般名词，它可以有很多同义词。如果你想表达电脑的那个可以显示信息的部件的时候，你可能会忘记“显示器”这个词，只会记得用“屏幕”这个词来代替。

只记得部分，而非全部

让人感觉迷惑的是，当那个最恰当的名字或者说法就挂在嘴边的时候，我们只能记得我们需要表达的部分信息，而非全部。不仅如此，这一部分信息还是非常特别的一种类型。比如，人们有时不能准确地说出一个人的名字，但经常会记得那个正确的名字是由几个音节组成的，甚至还能说出第一个字母。比如，有这么一项研究，是让一个人试着辨认女演员丽莎·明尼里（Liza Minnelli）的照片。这个人想不起丽莎的姓氏，但是他可以写出和这个演员的真实姓氏非常接近的一些名字。

1. 莫奈蒂（Monetti）
2. 莫娜（Mona）
3. 麦格蒂（Magetti）
4. 斯帕格蒂（Spaghetti）
5. 博格（Bogette）

另外一个可以破解“舌尖之误”谜题的线索来自这样一个事实：我们不能正确回忆出的名字，经常会被一个错误的名字干扰，而这个错误的名字又总是挥之不去，它往往还和那个正确的名字有相同的意义。比如你想到了一个聪明人（阿尔伯特·爱因斯坦），但你想到的是另外一个错误的名字，这个名字可能不属于那个天才的物理学家，但同样会代表一个非常聪明的人。这也就是泰兹曼的故事变得有意思的原因。

事实表明，泰兹曼说的诺曼·爱因斯坦确有其人。他在卡托巴峡谷医院的急诊室工作，是一名内科医生。在北卡罗来纳州希柯利市的这家医院，爱因斯坦医生告诉我：“还从没有人把我误认为一个天才。”

这位医生和泰兹曼恰好是中学同学，他们都就读于新泽西的南溪中学，尽管他们相差两个年级。

“我上四年级的时候，他刚上二年级。”爱因斯坦回忆道。这两个男孩子的家当时相隔大约五六个街区。“我们一起打过篮球和橄榄球。差不多就是这样。”不过，他们并不算是多么亲密的朋友。泰兹曼四肢发达、头脑简单，但爱因斯坦却很有头脑。在 1965 年中学毕业典礼上致辞的人就是爱因斯坦。之后，他考入了罗格斯大学，在那里学习物理学，随后到塔夫茨大学医学院深造。泰兹曼则参加了美国职业橄榄球大联盟。他们就这样分道扬镳，开始了各自的生活。直到 27 年之后，在明尼阿波利斯市的天顶体育馆的那个角落，诺曼·爱因斯坦这个名字突然从乔·泰兹曼的嘴巴里冒了出来。那一刻，泰兹曼可能也记不清他头脑中关于两个爱因斯坦的具体细节了，但是有关他们两个人的共同之处，他却记得清清楚楚：这两个爱因斯坦都很聪明。他所回忆起的正是这层意义。事实上，在《体育画报》知道诺曼·爱因斯坦确有其人，而且也非常聪明之后，泰兹曼告诉该杂志："我的评论就不像刚开始那么荒谬了。"

把没有意义的变得有意义

不管我们怎么努力，我们还是很难让自己的大脑记住那些没有意义的东西，这种困难在 100 多年前就被一个名叫赫尔曼·艾宾浩斯的德国人进行了数量化。艾宾浩斯用数年时间来记忆几千个没有任何具体意义的音节，比如 DAX 和 QEH。每天早晨、中午、晚上，他年复一年地跟着节拍器的节奏一遍遍地重复着这些长串音节——MEB，FUT，PON，DAK，GOL，LIG……直到把它们都记到脑子里。这样的记忆过程常常让他头痛不已，精疲力竭。一段时间之后，艾宾浩斯就开始测验自己的记忆效果。他发现，当从这些音节中找不出任何意义的时候——就像刚才列出来的那几个他做实验用的音节——它们就很容易被遗忘。比如，在一个小时之后，自己费了很大力气才记住的符号就会被忘记一大半。

而人们在一定程度上可以克服这类健忘的问题，方法就是为这些没有意义的信息注入一些因素，使之变成充满意义的信息。比如，有一项研究专门追踪一位长跑者身上的一种出类拔萃的能力——不是他长跑的能力，而是他的记忆力。这位长跑者当时还是一名在校大学生，以前并没有什么特殊的记忆才能，他智力平平，SAT（学术能力评估测试）成绩也只是中等。但是他每天坚持练习，数年之后，他终于获得了一种超乎寻常的记忆长串数字的能力。在两年的时间里，他能记忆的数字长度已经从大多数人刚刚能记住的 7 位数达到了 80 位数。这不仅是普通人能够记住的数字长度的 10 倍以上，也是有资料可查的最高纪录的 4 倍。

他是怎样做到这一点的呢？

研究人员发现，只要可能，这位长跑者都不是一位数一位数地单独记忆，而是把三位数放在一起作为一个跑步的时间来记忆。比如，可以把数字 5－1－3 记成 5 分 13 秒——这对于 1 英里[①] 的中距离跑是一个不错的成绩。换句话说，这位长跑者就是把一些没有意义的信息转换成了有意义（至少对他个人来说有意义）的信息。

这是一种古老的技巧，它被称作“记忆术”，至少在古希腊时期就已经出现了。古希腊人同其他文明中的人一样，需要一种方法把信息从一个人传递给另一个人。那时候印刷术还未出现，也没有书本，他们只有用唯一的一种古老方法：口口相传。为了让口口相传的信息更加准确，人们需要一种能够记住大量信息（有时候信息量非常大）的方法。于是，古希腊人学会了把没有意义的符号和有意义的信息联系起来。

顺便说一句，你也可以这样做，让你的朋友们大吃一惊。试着记住下面这一串没有什么意义的数字：1－7－7－6－1－8－6－5－1－9－4－5。要记住它们不大容易，对吧？现在把它们打散，组成几个在美国历史上有特别意义的年份：1776 年，1865 年和 1945 年。[②] 这样就

---

① 1 英里约为 1.6 千米。——编者注

② 1776 年，美国独立；1865 年，美国废除奴隶制；1945 年，第二次世界大战结束。——译者注

容易多了，不是吗？

但是，就像那位长跑运动员发现的那样，这种技巧存在自身的局限。当他面对的三位数序列无法被赋予任何意义时，他就记不下来了——比如 4－8－3。（这可以被记作 4 分 83 秒吗？没有这个时间啊！）此时，他的数字记忆能力就会直线下降，很快就会把需要记住的那些数字忘记。

为什么总是忘记密码和藏东西的地方

日常生活中也存在许多类似的风险。比如，人们常想方设法找地方藏好自己的贵重物品，而且总要绞尽脑汁设置一个让其他人都猜不到的密码。如果藏东西的地方和密码都没有具体意义，那我们很快就会忘记它们。就像艾宾浩斯那样，不管怎么努力，都没办法真正记住它们。其实，我们每天都会看到这样的情况发生。比如，根据《纽约时报》的统计，每周都会有大约 1 000 个在线阅读的读者忘记自己的密码。要知道，在《纽约时报》的读者中，很多都拥有这个世界上最好的教育背景。此外，还有高达 15% 的“新”注册用户实际上都是老用户，因为他们忘记了原来的密码。《泰晤士报》统计的情况大同小异。有人估计，在打到公司电脑技术服务部门的求助电话中，有高达 80% 的人都是因为忘记了密码。

我们并不是只会忘记密码。生活中有很多事也很重要，例如生日、纪念日、钱包、手机、停车地点等。无论我们多么频繁地提醒自己，我们照样会忘记。一项针对 3 000 人的民意调查发现，其中 1/4 的人记不起自家的电话号码，2/3 的人说不出 3 个以上朋友或家人的生日。

> 一项针对 3 000 人的民意调查发现，其中 1/4 的人记不起自家的电话号码。

是啊，有太多的事情需要牢记，这让大脑不堪重负。结果，人们总是选择一个注定会忘记的地方去藏东西。有这样一项调查，400 个成年人被问及他们最近是否找到过以前丢掉或者放错地方的东西。在那些真的遇到过此类情况的人群中，有 38% 的人说，他们觉得发现藏那件东西的地方看起来非常不合情理。这些“丢失”的东西为什么会出现在不合情理的地方呢？研究者说，人们错误地认为，藏东西的地方越不合常规就越容易被记住。然而事实证明，情况正好相反——这些地方不是更容易被我们的大脑记住，而是更容易被忘记。

汤姆·万德·莫伦也发现了这个道理，不过，发现过程着实让他吃了不少苦头。汤姆 5 岁的时候，住在密歇根州大急流城。有一天，祖父祖母给了他一个金币。当时是 1963 年，祖父祖母并不是非常有钱，他们把汤姆和他的哥哥叫到卧室。

“我们想给你们留一点儿特别的东西。”祖父祖母说着，递给兄弟俩一个垫了棉花的小纸盒，里面装着两枚硬币——都是面值 5 美元的金币——一枚给汤姆的哥哥，一枚给汤姆。汤姆以前从来没有见过金币。

“我很震撼。”汤姆说。

几个月后，汤姆的祖父就去世了。又过了些年，汤姆的父亲也离开了人世。接着，在汤姆读高中的时候，医生诊断出他患有脊柱肿瘤。很快，汤姆的生活就被限制在了轮椅上。伴随他熬过那段孤独而痛苦的岁月的，是那枚金币，以及祖父祖母将金币送给他的那一刻的温馨记忆。

从那时起，汤姆开始收集更多的钱币，同时也收集了一些其他值钱的藏品。1995 年的时候，汤姆估算了一下，他储藏的硬币的价值已经达到 4 000 美元了。

此时，他却面临另一个棘手的问题：到底该把这些硬币藏到哪里？

艾伦·布朗是南卫理公会大学的教授，曾专门研究人们如何藏东西。他认为，藏东西的关键是要找到这样一个地方，让你能够将藏品与这个地方联系起来。布朗调查了一部分年龄在18～85岁之间的成年人，询问他们各种有关藏东西的问题。这些被调查者的回答使布朗深受启发。例如，上了年纪的人藏珠宝的目的通常是防贼；年轻人倾向于藏钱，以避免让朋友和家人知道。人们藏东西的地方可谓千差万别，但成功地藏东西的策略是相同的。

"我认为，做好这件事情的关键——这不仅适用于藏东西，也适用于选择密码——就是你必须迅速地做出判断。"布朗说，"你不能花10分钟或20分钟想出一种严谨的方式，你需要立即做出选择。"

> 选择藏东西的地方——选择密码也是一样——关键是你必须迅速地做出判断。

可惜，汤姆·万德·莫伦却没有这样做。

"我坐在那里冥思苦想，藏在哪里会更好、更安全？要是有小偷闯进来，他不会注意到哪里呢？"

突然，他看到一些油漆罐——储藏间小金属柜子底部堆着一堆1加仑[①]容量的油漆罐，有几个罐子里剩下的油漆都已变得干巴巴的了。

"哈，就是那里了！"他想。没有窃贼会往那里看。于是，他撬开一个风干的油漆罐，把硬币放到了里面。他记得当时在想："这真是一个完美的藏硬币的地方！"完美到他再也没想起来过。在接下来的9年中，汤姆从来没有检查过他藏起来的那些硬币。

"一次都没有。"汤姆回忆说。

到2004年春，汤姆突然想起了他的硬币，他问自己："我的硬币呢？我把它们放在哪里了？"但他思来想去，却总也回忆不起来。过了

---

① 美制1加仑为3.785升。——编者注

一会儿，他再也不愿意只是坐在那里苦想了。

“我告诉自己，不管多晚，我都要把硬币找出来。于是我开始搜索屋子里的每一个盒子、架子上的每一个格子，清理每一处积尘，检查冰箱后面的缝隙——我要把整个屋子从里到外翻个遍！”

他的确这么做了。他甚至连冰箱里面都找过了。“我把所有冷冻的东西从冰柜里拿出来，然后仔细地检查每一件被包裹着的东西。‘哦，到底在哪里呢？’我不停地找，但就是找不到。”

大约在凌晨 1 点的时候，汤姆坐着轮椅来到了储藏室，他打开房门，移动到那个金属柜子旁边，心想：“哈哈，我找到了！”

但就在那一瞬间，他的灵感却突然消失了。

那年夏天，汤姆的一个朋友来拜访他，想顺便帮他粉刷一下房子。这个工作的第一项程序就是要清理那些干巴巴的旧油漆罐。

“咱们把这些罐子集中一下，”汤姆对那位朋友说，“我再把它们都扔到垃圾箱里去。”

他就是这样做的。汤姆没有丝毫的迟疑，他把这些油漆罐子都扔到了垃圾箱里。几天过后，垃圾箱被清空，里面的一切都被拖车运去碾碎、焚化了，当中就有汤姆珍藏多年的宝贵的藏品。

“我这是自作自受，”汤姆说，“我本人既是受害者，又是肇祸者！”

如何更好地记住面孔

人为错误通常就是如此——我们既是受害者，又是肇祸者。然而，事情本不必如此，前文提到的长跑选手就是个好例子。只要经过足够的练习，我们也可以像他一样，为那些没有意义的信息赋予意义，从而让它们更好记。实际上，我们的大脑有时就是这样做的——自动从外部世界提取有意义的信息——我们自己甚至完全没有意识到。

对于记人的相貌来说尤其如此。人类似乎生来就被赋予了辨识面部内在信息的功能。比如，对新生儿的实验表明，几乎从降生到世界上的那一刻开始，人的脸庞就对我们有特殊的吸引力。成年人往往稍微看一眼别人的面孔，就能对那个人的情况做出准确判断。此外，我们识别他人的能力，并不仅仅依靠对方的外貌特征——尽管我们常常这样以为。比如，你是通过什么方式弄清自己到底认不认识某人的呢？许多研究都在试图回答这个问题，这些研究对一项特征（也是最重要的一个特征）的看法是最一致的，那就是人们通过头发来辨别他人。这真是个有意思的答案！想想看，在我们所有的外部特征中，头发是最容易改变的，它可以被剪短、染色，它能生长，甚至会掉光。但答案就是头发。

如果你想记住一个人，试着对他的面部情感特征做判断，比如看他是否诚实可靠。

然而，当研究人员问及一个稍微有些不同的问题时，他们得到了一个更出乎意料的答案。他们发现，人们辨识一个人的面孔，不是通过一些面部细节特征，而是通过一些更深层的情感特性（比如诚实、是否讨人喜欢），这比通过辨认诸如头发、眼睛之类的外部特征更容易记住那个人的面孔。情感特性为什么比面孔的外部特征更容易被人记住呢？这是因为，这些特性需要大脑进行更为深入的加工。大脑判断一个人的脸庞看上去是否诚实可靠，要比判断一个人的头发是不是卷的需要更多的工作量。看来，大脑所做的更多努力，让具有一定特性的脸孔在我们的记忆中更为持久。这种效果是非常强烈的，一位面部辨识领域的研究者就曾提出这样的建议："在你初次和对方碰面的时候，如果想记住他，你可以试着对他的面部特征多做几次判断。"

为什么会误认犯罪嫌疑人？

1997 年 2 月 28 日晚，24 岁的琼·塞勒就碰上了这样的情况。塞勒从密歇根州的一个小镇来到芝加哥，在该市南部的迈克尔·利斯医院做注册护士。那是一个星期五——塞勒通常在发了薪水的周末搭出租车回家，但是这天她没有搭出租车，因为她想省下搭车的 15 美元用于度假。于是，塞勒穿着自己的白色护士服，披上外套，背着一个不大的背包，穿过几个街区到公共汽车站乘车。等车的时候，一个男人走过来，在离她几英尺远的地方停下。

他问道："你来这里多长时间了啊？"

"刚来不久。"她回答道。

几分钟过去了，两个人谁也没有再说话。但是塞勒的眼睛却一直没有离开那个男人。迈克尔·利斯医院附近的治安不太好。她身边的男人看上去有些可疑。塞勒还特别注意到他穿了一双黑色的锐步运动鞋，鞋面用"维可牢"牌[①]尼龙刺毛贴固定。她觉得那个男人有点儿落魄——那双鞋子太过时了。她猜想，这个人肯定是从某个无家可归者避难所来的。

正当塞勒转头的时候，那个男人猛地抓住她，用手卡住她的脖子，然后狠狠地抽打她。那个男人不断地抽打——抽打她的脸、脖子、胸口。这一切就发生在转瞬之间，她根本来不及反应到底发生了什么。当刀刃在她面前晃过的时候，她听到可怕的大号裁纸刀熟悉的咔咔声。此时，她意识到自己碰到麻烦了。

---

① "维可牢"是一种尼龙刺毛贴的商标，这种刺毛贴由一条表面有细小钩子的尼龙条与对应的表面有毛圈的尼龙条黏合面构成，常应用于布制品，如外套、箱包，以及田径运动鞋上。——译者注

塞勒在挣扎之中摔倒了，那个男人也跌倒了，裁纸刀被碰飞了。塞勒爬起来，狠狠地盯着劫匪的脸，冲他大声咒骂。

恰好这个时候，交通信号灯变为了绿色。

车子都开了过来，灯光照亮了冲突现场，男人逃走了。塞勒这才发现自己的背包被撕烂了，里面的东西撒了一地。她只好蹲下身子，捡起手套和报纸，再把它们装进背包里，然后走回医院的急诊室。

她说："我觉得可能开始下雨了，因为我听到雨点敲打地面的声音。"实际上，那并不是在下雨，而是她在流血。

在病床上的塞勒向警察详细地描述了袭击者的相貌。不到 24 个小时，侦探们就在塞勒被袭击的公共汽车站旁拦住了一名叫作罗伯特·威尔逊的男子。这个人不仅外貌完全符合塞勒的描述，而且警察在搜身的时候，还发现他携带了一支手枪和一把刀。警察逮捕了他，给他拍了照片。当警察把照片拿给塞勒时，她一眼就认出，这是在公车站袭击她的那个人。

案件进入法庭审判阶段，起诉人再一次让塞勒辨认袭击她的人。可是这一次，她迟疑了，此时她面对的不是照片，而是活生生的人。在证人席上，她紧紧地盯着威尔逊，但是她要寻找的并不是这个人的五官特征——不是他的鼻子、眼睛，或者发型，而是那天晚上袭击她的那个人的面部情感特征。

"我想看那天我在公车站看到的那种憎恨的表情，"她说，"我需要找到当时的那种感觉。"

然而，无论她怎么努力去寻找那些特征，都再也无法找到了。

"我现在什么都感觉不到了。"她说。

塞勒这种什么都感觉不到的状态本应提醒她，罗伯特·威尔逊并不是那天在车站袭击她的人。但是警察和公诉人都确信罗伯特·威尔逊就是他们要找的那个人，而且威尔逊本人也已经做了供述。于是，在起诉人要求塞勒再一次确认那天袭击她的凶手的时候，她还是站起来，用手指向了罗伯特·威尔逊。很快，威尔逊就因谋杀未遂罪被判入狱，并获 30 年的最高量刑刑期。庭审结束后，法官对塞勒的证词做了特别点评。法官说，她做了“我所见过的最坚决、最积极、最杰出的受害见证”。

此后，塞勒离开了芝加哥。但是，有一件事始终让她无法安心。被袭击那晚，她清晰地看到那名男子的鞋面用的是“维可牢”牌尼龙刺毛贴。然而，警察却始终没能在威尔逊身上找到这一物证。警察彻底地搜索了威尔逊的住所，也没能找到那双鞋。塞勒感觉那个袭击者应该不会把那双鞋扔掉，因为他看起来很穷，应该没钱再去买一双。

2006 年的一天，塞勒接到一个报社记者打来的电话。那个记者告诉她，罗伯特·威尔逊已经成功地提起上诉。法官判决，先前的审判法庭不恰当地排除了另外一种可能性，那就是可能有另外一个长得非常像威尔逊的人袭击了塞勒。最重要的是，法官提到，在警察逮捕威尔逊的时候，另外一个人就穿着黑色的、使用“维可牢”牌尼龙刺毛贴的运动鞋——“与塞勒描述的鞋子的状况完全相符。”

塞勒一听到这个消息，马上就说：“是的，我知道。”

她崩溃了，然后开始抽泣。挂了记者的电话后，塞勒打电话给威尔逊的律师，说自己会尽一切努力，让威尔逊尽快出狱。几个星期之后，罗伯特·威尔逊被无罪释放。

漂亮的面孔更易被记住

当然，罗伯特·威尔逊和琼·塞勒的故事，揭示了一个更重要的问题——目击证人的指认总是不断地出错。最近有研究显示，错误地辨识，把一个人错认作另外一个，这种事情发生的普遍性远远超出我们的想象。比如，在1989—2007年，美国有201名犯人由于DNA（脱氧核糖核酸）证据的采用而被无罪释放，其中有77%的人是由于证人的误认而无辜地被判入狱。

为什么一个陌生人会被我们认作另外一个我们见过——或者我们以为自己见过的人？暗藏在其中的一个线索就来自我们在与这个人的互动中得出的意义。当我们对某个人做出评价的时候，这些评价会在我们的头脑中形成很强的联系，而且会保持下去，难以消除。可是当我们被要求去辨认他人的时候，我们又经常会忽视这些特性，而倾向于在头脑中搜寻更为传统的特征，比如人的发型、眼睛，或者是种族，而这些特征并未在记忆中形成很强的联系。就像我们在第1章中看到的，我们在识别某个与自己关联度较小的人的时候，并不像在识别自己人的时候观察得那么仔细。有研究显示，相比其他种族的人，我们更容易清晰地记住与我们同属一个种族的人的面孔，因为它们对我们"更有意义"。俊俏也是一样。俊俏的面孔往往比丑陋的面孔更容易被人认出来。在一项研究中，300个受试者被分成不同的组别，每组都包含老年人和年轻人、黑人和白人、男人和女人。每个组都按要求去观看毕业年刊上同学和教师的照片，看谁的面孔能够被认出来。研究得出的结论是：无论是在哪种情况下，有着靓丽面孔的人，总是更容易被辨认出来。

> 有调查显示，总体而言，罪犯长得确实比我们大多数人丑陋。

这项研究有助于解释为什么辨认犯罪嫌疑人是件困难的事情。我们常说"罪犯的丑恶嘴脸"，这并不完全是一种比喻的说法。有调查显示，总体而言，罪犯长得确实比大多数人丑陋。南希·莫坎是路易斯安那州立大学的教授，厄达尔·泰金是佐治亚州立大学的教授，他们两个人的合作分析很能说明问题。他们使用了联邦政府支持的一项对 15 000 名高中生的调查的资料——这些人分别在 1994 年、1996 年，以及 2002 年连续 3 次接受访谈，访谈者是由莫坎教授和泰金教授召集的研究团队。这项调查要求研究团队的成员对他们所访谈的每一位高中生的长相评分。长相的评分范围从“非常不吸引人”到“特别吸引人”，共 5 个等级。根据对这些资料的分析，两位教授发现，长相丑陋这件事在年轻时影响很小，但是其影响却会一直持续下去。“长相非常不吸引人的和长相一般的人相比，前者的犯罪概率更大；那些外貌出众的人比那些长相平庸的人犯罪的概率小。”

漂亮的面孔总是更容易被人们记住。

第3章

联想带来的偏见

所有舞女在月经来潮期间都比平时挣得少，不管她们是否服用了避孕药物。女性何时处于生理周期的顶峰是很难被探查的——可不管怎样，人们就是能知道。

应该如何看待琼·塞勒的那次经历呢？方法之一就是使用罗杰·谢巴德的图形。你应该还记得，我们在第1章提到过，他就是设计了“转桌面”图形的那个人。谢巴德相信，人类是通过一种特定的机制来认识外部世界的，这种机制不仅根植于我们内心，而且是自动运转的。这就是我们无法简单地按照图形中线条本来的样子去认知图形的原因。它们本来只是平面上的一些线段，可是，大脑却可以把这些二维空间里的图形进一步转化成看起来像三维空间中的物体。也就是说，就实际效果而言，大脑会自主地寻求联系，但是我们自己根本意识不到。

当我们心中产生熟悉感时，类似的情形也会出现。当塞勒站在法庭证人席上的时候，她的大脑就是在努力地从那晚遭受袭击时的愤怒和她在证人席上看到的嫌疑人的特征之间寻求联系。但是，这两者之间并没有达成一致。简而言之，她在尝试寻求联系，但那种识别机制并未在上述要素之间产生联系。她大脑的感知系统是对的：站在对面的并不是袭击她的那个人。然而，塞勒努力想要克制这种本能的认知冲动，当她这么做的时候，她的判断出现了错误。

第一印象，难以动摇

大脑能自动形成的微妙联系是非常强大、非常普遍的——许多人可能都不敢相信。举个例子来说明一下吧，让我们来看看图3-1所示的两张竞选用的宣传照片。

比较一下这两个人，谁看起来更有竞争力呢？

如果你和大多数人一样，你一定会选择左边那个人，这也是投票者们选择的。左侧照片中的人叫拉斯·法因戈尔德，是来自美国威斯康星州的参议员。2004 年，法因戈尔德和右侧照片中的共和党候选人提姆·米歇尔斯进行角逐，前者以 55% 对 44% 的支持率胜出。

图 3-1 竞选宣传照

法因戈尔德的照片是亚历克斯·托德洛夫所做研究的一部分。托德洛夫是普林斯顿大学伍德罗·威尔逊公共与国际事务学院的教授，他和其他研究人员一起，把政治候选人的黑白照片拿给实验参与者观察。(如果他们注意到有参与者认识图片中的人，那么参与者的意见就会被研究者去除。) 他们发现，面孔是我们对其他人印象最主要的信息来源。研究尤其显示，单单是基于面部特征对候选人能否胜任进行推断，在预测美国国会参议员候选人的选举结果时的正确率高于随机的概率。被认为更具竞争力的候选人在参议院职位的角逐中，有 72% 的概率胜出；在众议院职位的角逐中，有 67% 的概率胜出。

更为重要的是，至少就我们要说明的问题而言，人们对候选人能否胜任的推断只是在转瞬之间得出的。在随后进行的一项测试中，候选人的照片被放到参与者面前，参与者在一秒内就会得出自己对候选人能否胜任的推断。此外，调查者还发现，这些推断即使经过更长时间的考虑，也不会发生多大的变化——人们的第一印象一直挥之不去。

> 人们对候选人能否胜任的推断，只是在转瞬之间得出的。

然而，我们并不清楚是什么造成了这种印象。到底是突出的下巴，还是双眼的位置让某个人看起来更有能力？我们并不知道。能够确认的是，我们的确可以从一个人的面部迅速对他做出某些判断。比如，一项对西点军校学生的研究发现，从军校毕业生照片对学生面部特征进行判断，就能够预测学生未来能获得多高的军衔——那些有着更为刚毅的脸庞的人，最终获得军衔的等级会超过那些脸庞看起来不那么令人敬畏的人。[①]

身体泄露女人的秘密

我们用来对他人做出判断的线索往往非常微妙，甚至微妙到让人难以觉察。有一个来自舞女的例子足以说明这一点。这些舞女的收入不仅仅取决于她们的工作性质，还与一个十分隐蔽的因素相关：她们的生理周期。

> 这些舞女的收入不仅仅取决于她们的工作性质，还与一个十分隐蔽的因素相关：她们的生理周期。

众所周知，女性的身体在每

① 这并不代表这类印象一定是准确的。在另一项研究中，尽管比起长相成熟的人，长着娃娃脸的人被认为能力较低，但实际上，他们通常更为聪慧。详见蒙特佩尔和泽布罗维茨的研究（Montepare & Zebrowitz，1998）。

个月都会经历一个变化的过程。此时，身体的气味会变化，脸庞的吸引力和体形也都会发生变化。实验室研究表明，在最接近生理周期高峰的时候（即排卵之前），女性的面孔吸引力会达到顶峰，腰臀比例会缩小，身体的气息也能达到最吸引人的水平（至少对异性恋的男人们来说是这样的）。最重要的是，你要知道，这一系列变化非常微妙，并且不易觉察。

在欧洲，有这样一项研究，研究者为48位年轻女性拍下照片。这些女性都没有使用避孕药物。（这很重要，因为避孕药物会通过激素的影响造成假性怀孕，因此会消除女性在生理周期高峰的一些重要特征。）他们要为这些女性拍摄两次照片——一次是在她们生理周期的最高点，也是她们最容易受孕的时候；另一次在生理周期低点，也就是她们最不易受孕的时候。调查者把这些照片分别拿给一组男性受试者和一组女性受试者，并让他们选择这些照片中的哪些人看上去更有吸引力。有略超过一半的受试者（54%）会选择那些在生理周期高峰点拍摄的女性照片。这比随机概率稍稍高一点儿（随机概率是50%），但并不太多。

确实，女人何时处于生理周期的顶峰是很难被探查的，甚至那些从事过多年研究的性学专家也说，人（相对于狒狒，还有其他灵长类动物来说）排卵的征兆无论如何都是难以判断的。从进化论的角度看，这有着非常重要的意义：与雄狒狒不同，男人无法判断什么时候是进行交配的最佳时机。

> 确实，女人何时处于生理周期的顶峰是很难被探查的——可不管怎样，人们就是能知道。

一件事情难以判断并不能意味着我们无法觉察。为了验证这一点，新墨西哥大学的研究人员对在阿尔伯克基地区“绅士俱乐部”表演的舞女的生理周期和收入之间的关系进行了跟踪调查。尤其需要说明的是，调查者感兴趣的不是这些女性整体收入的高低——不是追踪她们为全体观众在台上演出时的情况，而是她们到台下和观众进行一对一、面对面亲密接触（贴腿舞表演）时的情况。

贴腿舞是大多数俱乐部的保留节目，它会占据舞女大部分的表演时间，这也是她们最主要的收入来源。通常在 90 分钟左右的表演里，舞女只会在升降舞台上表演两三首歌的时间，剩下的时间都用来在台下为客人表演贴腿舞（一般来说，不允许客人触摸舞女）。无上装舞女要么面向客人表演（展示自己的胸部），要么背向客人表演（展示自己的背部）。通常一首歌时间的贴腿舞要价 10 美元左右；如果是在俱乐部 VIP 贵宾包厢进行的表演，则要价 20 美元。在舞女的收入中，贴腿舞一般占总收入的 90% 左右。总而言之，调查者追踪的是，这些女性在连续两个月的时间里表演 5 300 次贴腿舞的情况。

调查者发现，舞女的收入和她们的生理周期有很强的相关性。生理周期正常的女性（没有使用避孕药物）在生理高峰期，一组表演（5 个小时）平均可以挣 335 美元，但是在月经来潮期间，她们相应的收入会减少 45%，只有 185 美元。

> 服用避孕药物的舞女一直比没有服用药物的舞女挣得少，平均每组表演少挣 80 美元。

这一现象对在那里工作的所有女性都是一致的：所有的舞女在月经来潮期间都比平时挣得少——不管她们是否服用了避孕药物。（尽管那些服用避孕药物的舞女一直都比那些没有服用药物的舞女平均每组表演少挣 80 美元。）

调查者的这些发现引出了另外一个有意思的问题：女性生理周期的信号如果真像许多性学家一直认为的那么难以捕捉的话，这些舞女的客人是如何探查到这些信息的呢？这些男人都没有得到明显的暗示：舞女们是无上装表演，不是无下装表演。她们也没有把自己的生理周期状况告诉客人。另外，表演是在灯光昏暗、人声嘈杂的酒吧里进行的。很难想象，那些男人会像在正式的研究中那样，能够明显地观察到舞女面部特征的细微变化。

可他们是怎么知道的呢？此时，新墨西哥大学的研究人员也被弄糊涂了。舞女们以某种方式传递出了她们生理周期的信息，这些线索也确实影响了那些男性客人在她们身上的花销。① 没错，男性的消费习惯会被我们无法觉察的一些因素影响。不过，这并不是研究人员第一次发现这个事实。早就有研究证明，一些特定的芳香和气味可以更轻松地打开男人的钱包。比如，一家零售店里如果散布着一种“男性”的气味，男性在这里的消费平均是 55 美元，而同一家商店如果飘散着一种“女性”的气味，那么男性在这里的平均消费就不到前者的一半——只有 23 美元。

所有这些对认识我们所犯错误的根源都有着重要的意义。在投票或花钱的时候，我们假定自己那么做都是出于充足的理性。如果事实是我们误投了票，或是把钱花错了地方，我们就会认为肯定能用理性来解释所犯的错误。我们不相信自己投票支持某人只是因为

---

① 有一个可能的原因在于女性的声音。近来的一项研究发现，女性在生理高峰期间，声音会有差异。此时她们的声音听起来会更迷人。与生育机能有关的激素会改变女性咽喉的形状和大小，这可能就是女性的声音在这一时期存在差异的原因（Pipitone & Gallup，2008）。

我们在最初的一个瞬间，做了并不一定明智的推断；我们不相信自己在一家零售商店里花了不该花的钱，只是因为那里的气味更好闻一些；当然，光顾俱乐部的客人们也不相信，他们多给那些舞女小费，只是因为她们的身体正适合受孕。然而，我们事实上就是这么做的。

你喝的不是酒，只是瓶子

与此类似，我们知道大脑会在特定事物和一些特定特征之间建立联系，甚至在我们明白两者之间可能并没有联系的时候，还是会不由自主地这样做。就拿价格和品质这一对老朋友举例吧。在一定程度上，我们都明白，价格很贵的东西并不意味着它们比那些价格便宜的东西质量好。但是，在内心深处，我们并不真正这么认为。

我们以价格昂贵的葡萄酒为例。来自斯坦福大学和加州理工学院的研究人员请 20 个志愿者品尝 5 种葡萄酒，并为这 5 种葡萄酒做出评价。研究人员给这 5 种葡萄酒分别贴上了 5 美元、10 美元、35 美元、45 美元和 90 美元的标签。志愿者是和我们一样的普通人——会适量地喝一些葡萄酒，但他们并不是品酒专家。在经过一轮的品尝之后，他们的回答和现实中的情况基本一致：喜欢那些价格更高的葡萄酒的味道。

事实上，研究人员将葡萄酒和相应的价格标签掉了包。价值 90 美元一瓶的葡萄酒实际上出现了两次——一次标价为 90 美元，另一次标价为 10 美元；真实价格为 45 美元的那瓶也出现了两次——一次标价是 45 美元，另一次标价为 5 美元。然而，品尝者都没有发觉。不管怎样，他们就是更喜欢标价高的那一瓶。这种情况并不是装腔作势、假充内行那么简单。对受试者大脑的扫描显示，价格更高的酒使大脑的一个特定区域（医学上称之为“眶额叶皮质”，这一区域会对一些积极的体验做出反应）产生了更为活跃的反应。但是，当饮酒者意识到自己喝的是价格低廉的酒时，记录显示，此刻大脑皮层只产生了很少的快乐感。

人们就是更喜欢价格昂贵的酒。当饮酒者喝下廉价葡萄酒的时候，大脑皮层反射出来的快乐感确实也更少。

类似的情况影响着我们对药物疗效的评价。在一个电击实验中，82 个受试者中既有男性，也有女性，实验需要他们辨别自己的手腕接受电击时的疼痛感。比较特别的是，这些受试者要求在两个不同的时间点对疼痛的程度做出评价：一次是在接受电击之后，另一次是在吃完止痛药一段时间之后。这些人中有一半被告知，他们口服的药丸是刚刚被批准上市的新药，可以有效地减缓疼痛，一剂需要 2.5 美元；另外一半人则被告知，他们所服用的药物每剂只需要花费 10 美分。实际上，两种药物都只是中性的安慰剂而已，根本就起不到任何止痛的效果。结果，在被告知服用的是贵重新药的人中，有 85% 报告说疼痛得到了明显的缓解；在另外一组中，只有 61% 的人认为疼痛得到了缓解。

红色胶囊比白色胶囊药效强?

价格并不是唯一扰乱我们判断的因素，色彩也可以。曾有研究表明，药丸的颜色会影响服药者对其疗效的看法。有测试表明，人们通常认为黑色和红色的胶囊药效更为强烈，而白色胶囊的药效最弱。

这种联系在一定程度上是可以理解的。约翰尼·卡什一生都以“黑衣人”著称，而不是其他颜色，比如，“泡泡糖粉衣人”。[①] 我们经常把黑色与力量及权势等同起来，但是这种联系会产生相反的效果，会让我们永远铭记自己因此犯下的错误。许多年前，有两位研究人员向一些受过良好训练的裁判员展示两段拼抢激烈的橄榄球比赛的录像。这两段录像记录的比赛的激烈程度是一样的。在第一段录像中，进攻的一方穿着白色运动服；在第二段录像中，进攻的一方穿着黑色的运动服。看过第二段录像的裁判比看过第一段录像的裁判认为比赛进行得更激烈，应该给运动员更严格的判罚。这些裁判“看到”的正是这种常见的负面联系——黑色引导他们“看到了”希望看到的东西。

你也许会说：“那是在实验室中才会出现的情景，真实世界也会是这样的吗？球队穿黑色运动服真的会被判更多的犯规和处罚吗？”

的确如此。上面实验中的研究人员汇总了 20 世纪七八十年代的职业橄榄球和曲棍球比赛的记录。美国职业橄榄球大联盟的资料是从 1970 年到 1986 年的。美国曲棍球联盟的资料也差不多是这一时期，即 1970 年到 1985—1986 赛季。

在这两项运动中，研究者发现，穿黑色队服的球队被判罚的次数要远远超过平均水平。在曲棍球比赛中，这种倾向尤为明显。有趣的是，在有资料记载的这十几年中，两支队伍——匹兹堡企鹅队和温哥

① 约翰尼·卡什（1932—2003），美国著名歌手，在歌坛素有“黑衣人”之称。据说他在 1957 年首次应邀登上“老大歌剧院”舞台演唱时，坚持不像其他表演者那样穿着华丽而缀满亮片的服装，而是以周身黑色的装扮登台，特殊的个性与风格轰动了全场。之后，他仍然只穿黑色服装，也由此获得了“黑衣人”的称号。——译者注

华法裔加拿大人队——都换成了黑色队服。企鹅队队服颜色的更换时间是 1979—1980 赛季，法裔加拿大人队队服颜色的更换时间稍微靠前一点儿，是 1978—1979 赛季。

> 研究人员发现，穿黑色队服的球队被判罚的次数要远远超过平均水平。

你能猜到出现了什么情况吗？这两支球队被判罚的记录随之增加了。企鹅队在更换队服颜色前的 44 场比赛中身穿蓝色队服出场，每场比赛平均的处罚时间为 8 分钟；但是在该赛季最后 35 场比赛中身着黑色队服出场时，每场的处罚时间上升到了 12 分钟。

要不要改选择题的答案?

我们还知道，不管第一印象是对还是错，我们都会受到它的强烈影响。比如在做选择题的时候，你选了一个答案，但又犹豫是不是该换成另一个答案——但最终你没有改变答案。你肯定有过这种经历吧？当然，你并不是唯一会这样想的人。大多数人都倾向于坚持自己最初的那个选择。有 3/4 的大学生相信，在考试中坚持最初选择比改变答案好。许多大学教授也这么认为。在一项调查中，只有 16% 的大学教授相信，在考试中改变最初的答案会提高成绩；大多数人都相信，更改答案只会让考试成绩更差。甚至那些专门帮助人们备考的指南，似乎也相信坚持最初选择是对的。比如巴朗公司出版的《 SAT 综合指导与模拟试题》就告诫学生，不要任意更改原来的答案。“在这种情况下，正确的答案经常被改成了错误的。”这就是该书总结的其中一条答题策略。

但就像生活中的很多情况那样，大多数人认为对的东西有时候其实是错的。经过 70 多年的调查，研究人员发现，大多数对答案选项的更改，是将错的改为对的，因此，大多数人在考试中对答案进行改正的结果往往会提高最后的考试分数。另外，不管你面对的测试是什么样的形式，这个结论都成立：多项选择题、判断题，限时的、不限时的，同样如此。有一篇文章全面综述了 33 篇关于答案更正的研究，这些研究中没有任何一个显示学生会因更改答案而吃亏。

> 研究人员发现，大多数对答案选项的更改，是将错的改为对的。

尽管如此，坚持最初答案的迷信还是一直持续到了现在。还有研究显示，即使是学生被告知了这样的研究结果，他们依然倾向于坚持自己的最初选择。

“坚持最初选择并不正确这一事实，着实让很多人感到吃惊。”纽约大学斯特恩商学院的贾斯汀 · 克鲁格教授这样说道。他针对人类的第一反应做过非常广泛的研究。“对于教育者和学生来说，这个结论着实违反人的一般直觉。人们通常会遵从普遍的信念，认为坚持最初选择是一条基本准则。然而，事实上并没有多少事实证据支持这样的看法。”

“悔恨”扮演的角色

在我们做决策的时候，情感是一个非常重要而微妙的因素，尤其是“悔恨”。越来越多的研究证明了这一点。我们都面临很多让自己悔恨不已的事情：糟糕的婚姻、撞车、无法摆脱的房贷负担等。但是，悔恨的程度有轻有重，总有一些选择会比其他选择让人觉得难以接受。悔恨的这种程度差别有助于解释为什么我们经常会抓着自己的直觉不放。

人们对自己的“作为”比“不作为”负有更大的责任，这是一条基本原理。如果某件事情会出错，我们宁可承认它是因为自己“消极无为”。其中的道理在于，我们倾向于把不作为看作一件被动的事情——我们什么也没做啊。既然什么也没有做，我们就不必为后续出现的结果负多大的责任。这一点在克鲁格和他的同事进行的实验中得到了揭示。克鲁格和这些研究人员观察了 1 600 名学生在考试中的具体状况，发现更改答案会提高最终的考试成绩。事实上，对所有更改情况进行的分析发现，将错的改为对的与将对的改成错的的比例是 2∶1。

如果某件事情会出错，我们宁可承认它是因为自己“消极无为”。

但更为重要的是，在随后对学生的跟踪访问中，学生们对自己把答案从对的改成错的的情况非常悔恨，其程度要远远超过因为没有把答案从错的改为对的的悔恨。简言之，与有所作为相比，不作为更不会带来悔恨——即使两种情况带来的结果是一样的。

“蒙蒂 · 霍尔”的选择

在一定程度上，这样的差别并没有什么奇怪的。这种现象是研究人员常常碰到的，他们还给它起了个别称，就叫作“蒙蒂 · 霍尔”的选择。这个名字是从电视游戏节目《让我们来做笔交易！》的老牌主持人那里得来的。每一个参赛者都会面对这样一种两难选择：你是选择保留你目前拥有的东西呢，还是选择得到 1 号门后面的东西？

但是，学生们对悔恨情况的回答引发了另外一个问题：悔恨的不同程度是否会导致我们对一些特定做法的回忆产生差异？假如你在参加一项测试。你现在有两种选择：第一，你可以违背自己的直觉，更改最初的答案，然后把答案选错了；第二，你坚持自己原本的选择，但选择的依然是错误答案。对于这两种做法，你的记忆会同样深刻吗？

一些错误比其他错误更加让人难以释怀

为了对这种想法做出检验，克鲁格选择了两种大学入学考试的一部分真题让学生回答：一种试题是 SAT，即美国本科入学测试；另一种是 GRE，即研究生入学测试。一旦学生认定某道题目的答案就在最后两个选项之间，克鲁格就让他们记下两个选项中的哪一个是他们的第一选择。大约一个月后，他再详细地询问学生，他们最后是怎么选择的。

他发现，学生们表现出了一种明显的记忆偏向，而且这种偏向是悔恨造成的。在分析答案选择的过程时，克鲁格发现：学生越是坚持本能的第一选项，最后答错的可能性就越大。有趣的是，学生们能够回忆起来的并不是这些。当克鲁格问他们有多少次是将正确答案改为错误答案时，他们会高估这种情况；当被问及有多少次坚持本能的第一选项，最后发现还是错了的时候，他们倾向于低估这种情况。

问题的关键在于，学生们都认为，坚持本能的第一选择就是一种更好的策略，尽管事实并非如此。克鲁格说，这种记忆偏向有助于解释人们为什么会相信坚持本能的第一选择，并认为这是一种更有效的策略。

“让人觉得困惑的就是，更正答案的结果表明，应该尽量多地做出改正，”克鲁格说，“可你的记忆告诉你的却正好相反。”

第4章

大家都戴着有色眼镜

人们的行为常常像赌徒，即使赌输了也不承认，而是认为自己差一点儿就能赢。男性倾向于夸大自己记忆中性伴侣的数量，而女性则倾向于减少这一数量。人类在评价自我的时候常戴着有色眼镜。

世界上最为蠢笨的事是什么？毫无疑问，有数不清的事可以进入候选之列。但赌场大亨、亿万富翁斯蒂芬·永利可能会认为是发生在2006年9月30日的那件事。那天，永利的一帮名人朋友去参观了他在拉斯维加斯的办公室，这些朋友中有播音员芭芭拉·沃特斯和作家诺拉·艾芙隆等。永利是一个著名的艺术品收藏家，他正好想借此机会炫耀一下自己最得意的藏品——《梦》，这是毕加索在1932年为情妇玛丽－泰雷兹·沃尔特画的一张画像。

这是一幅非常著名的油画，有些情色感。作品中玛丽的脸被分成了两半，而且其中的一半被画成了一根阴茎的形状——但你要知道它的名气可绝不只是因为这个。如果你到过拉斯维加斯，可能会看到过这幅画。在永利还拥有百乐宫酒店的时候，他一直把这幅画挂在百乐宫酒店的博物馆里。

除此之外，这还是一幅在全世界艺术品拍卖市场中价格最昂贵的画像之一。就在接待这些客人的前一天，永利已经同意把这幅画转手卖给另一个亿万富翁史蒂文·科恩，转让的价格是1.39亿美元。这个价格比单幅艺术品交易价的纪录高了400万美元。在向朋友炫耀这幅画像的时候，永利摆了一个姿势，胳膊肘不知怎的就一下子捅破了这张画。

“天哪！看看我做了什么！”永利忍不住骂了句脏话，大声嚷嚷着。艾芙隆在自己的博客里就是这样回忆的。[①]

永利在回忆这件事的时候却不是这么说的。事后几个月，他接受了记者的采访（这是在永利向伦敦的劳埃德公司提起保险申诉之后的

① 艾芙隆可能特意把这件事说得有些可笑，碰到这类事情时，这样做也是可以理解的。永利后来声称，这一次意外使这幅画的价值下降了5 400万美元，他称自己那天的举动是“世界上最为蠢笨的行为”。

事情)。他回忆说，那天他说的话可不像艾芙隆回忆的那么粗鲁。

“我当时只是转过身去说：‘哦，我的上帝！我怎么会这样啊！’”

两个人对同一说法的叙述只是稍有不同，但差别还是非常明显的。在回忆自己做过的事情的时候，我们都倾向于戴上有粉红色镜片的眼镜。我们并非故意歪曲事实，只是本能地倾向于把自己过去的言辞和举止回想得更为美好，至少是比一个旁观者在博客里记载的美好。

我们把自己回忆成……

为了就此做个说明，让我来问你一个问题，你应该可以回答得非常客观、公正，如果你还保留着原来的成绩单的话。我问你的问题是：你高中时的成绩怎么样？

答案就是，也许没有你印象中的成绩那么好——如果俄亥俄州韦斯利恩中学学生的事例能说明问题的话。在一项研究中，研究者要求从这所中学毕业的学生回忆一下他们高中时的成绩。研究者再拿他们的答案和原始成绩单做比对。在所有被要求回忆的分数中，至少有 29% 的分数被记错了。(不过，这至少要比德国的学生好一些。在德国进行的一项类似的测试中，学生的表现更糟，错误率高达 43%。) 要知道，被调查的学生要回忆的成绩可不是许久之前的事情，他们都是大学一二年级的学生，被调查时刚刚从高中毕业不过一两年。

更有意思的是，学生们所犯的错误并不是中性的。有太多人的分数是被自己拔高，而不是降低了 (把某门课本来是 B 的成绩记成 A)。这可能一点儿也不奇怪，因为学生们对自己的好成绩比对自己的坏成绩有着更好的记忆力。成绩是 A 的时候，回忆的准确率是 89%；成绩为 D 时，回忆的准确率却只有 29%（研究者抛弃了不及格的成绩 F）。学生们所犯的错误也不是孤立的，总体上，在 99 名学生中有 79 人夸大了自己的成绩。（很少有学生会降低自己的成绩，因此无法就此得出有意义的结论。）[①]

> 成绩是 A 的时候，回忆的准确率是 89%；成绩为 D 时，回忆的准确率却只有 29%。

发生在俄亥俄州韦斯利恩中学学生身上的情况绝不是什么特例。人们总是反复不断地用一种更加积极、自我吹捧的方式来重构自己过去的记忆。比如，父母经常记得自己照顾孩子的方式和专家们给出的建议是那么接近或吻合，但实际上却并非如此。与此相似，赌徒总是记得自己赢钱而不是输钱的时候。几乎所有人——就像我们在下文中将要看到的——在回忆自己过去的性生活的时候，总是会记错一些关键的事情。

这种倾向太严重了，甚至已经拓展到了我们看待自己的方式。芝加哥大学的尼古拉斯·埃普利和弗吉尼亚大学的埃琳·惠特彻奇进行了一系列实验。实验表明，人们感觉自己的面孔要比自己真实的面孔更有吸引力。在实验中，受试者被要求从一组错误的备选面孔图像中辨认自己的真实面孔。在经过电脑修图，将吸引力水平提高 20% 之后，受试者会更快速地辨识出自己那副被优化的面孔。不仅如此，当呈现更美化的、丑化一点儿的和未经人为改动的几类不同照片的时候，参与者都倾向于认为前者是他们自己最真实的、未被改动的面孔图像。（顺便提一下，在受试者观看陌生人的脸孔图像的时候，就没

---

① 有一项研究是对波士顿东北大学的学生进行的。这项研究发现，学生们回忆的成绩要远远好于入学注册时 GPA（平均绩点）的真实成绩。只有 10% 的学生记忆中的成绩比自己的真实成绩低。

有表现出这种倾向。）

确实，这种在观察或者回忆时出现的自我美化倾向如此固执，也如此微妙地扎根在我们的内心，就像我在本书中讨论的很多其他错误一样，人们经常并不觉得自己在犯这些错。诺贝尔经济学奖获得者、普林斯顿大学教授丹尼尔·卡尼曼在之前的一次采访中是这么评价的。“我的意思是，最让人吃惊的事情是，人们很少会改变自己的看法。”他说，“即使在我们确实改变自己看法的时候，我们也不会意识到自己在改变看法。另外，大多数人在改变看法之后，还会重构自己过去的观点——他们让自己相信，自己以前也一直是这么想的。”

如果我们的这种倾向只是在回忆过去的观点时才出现，我们相信这也没什么大不了的，不会带来多大的害处。比如我们总是会感觉自己做父母时的表现很好，比实际的表现要好。这又怎么样呢？可能在家庭聚会上，有人会看着餐桌上的鸡蛋沙拉翻个白眼，对你说的话表示不屑，但仅此而已。不过，如果这种倾向涉及有关过去的事实呢？当人们被推到聚光灯下接受采访——更别说在发誓的时候——并回忆自己过去的行为时，这种自我美化的倾向是否依然会发挥作用呢？

周围的世界，以你为中心旋转

可能许多人都知道约翰·狄恩这个人，他是《无意识下的保守》（*Conservatives Without Conscience*）一书的作者，还经常会以政治评论员的身份出现在有线电视的新闻节目中。20 世纪 70 年代，狄恩是时任美国总统的理查德·尼克松的顾问，在“水门事件”时期大为出名。

1973 年 6 月，狄恩向参议院的“水门事件”调查委员会做证，做证的内容是他和尼克松总统在椭圆形办公室的谈话。正如事件后来被公开的那样，这段对话被录了音。乌尔里克・奈塞尔是康奈尔大学的一位心理学家，也是一位人类大脑记忆研究方面的权威。“水门事件”的这段录音为他研究的问题提供了一个几乎难以在现实生活中碰到的良机：他可以对当事人的回忆和现场录音的文本进行比对。

“还有比这更好的材料吗?”奈塞尔虽然已经退休，但他回忆起当时的研究工作时还是非常兴奋。

他发现，和俄亥俄州韦斯利恩中学的那些学生的状况相似，狄恩的记忆充满了对事实的系统性修正，当然，这是一种对自身有利的修正。许多对于事实的歪曲反映了狄恩的自我形象。他努力想使自身在整个事件中扮演的角色比实际更加重要。但是，更为关键的是，狄恩的记忆常常出现错误——不仅在谈话的细节上，甚至在有关谈话的主旨上。实际上，奈塞尔总结道：“和录音资料的原始文本的对比表明，狄恩对谈话的回忆几乎没有一句话是真实的。”

下面就是狄恩向调查委员会提供的陈述的一部分，其中有一些描述的是 1972 年 9 月 15 日，尼克松和他会面时的情景。这些陈述可谓卷帙浩繁——共有 245 页，几乎相当于本书的厚度。任何人都不大可能只凭记忆记下那么多准确的内容，狄恩也是一样。为了准备这份如此长的陈述，狄恩对当时的情况进行了重构，他借助了从“水门事件”爆发那天开始一直到听证会召开这段时间的一个报纸文件夹。他将这个文件夹作为帮助自己记忆的辅助材料，通过仔细检查每一篇文章来勾勒曾经到底发生了什么，使自己再度置身于文章所描述的事件中。他告诉参议员们，这个过程才使他得以形成一份如此详细的回忆材料。

再一次提醒大家注意，狄恩回忆的并非陈年旧事，而是做证之前9个月发生过的事情——这一点与俄亥俄州韦斯利恩中学毕业生的情况是一样的。值得一提的还有，狄恩本来就是以回忆细节的能力而闻名的。有些作者甚至给他起了个绰号，就叫“人工录音机”，而且狄恩似乎还有意助长这种印象。比如，在听证过程中，有位议员问他，他是如何准确地回忆起那么多细节的。

“说到这个，参议员，”狄恩回答说，“我认为，我有非常好的记忆力。我觉得，每一个记得我学生时代情况的人都说，我非常善于回忆一些事情，并保存那些信息。我在读书时期就是这样的学生，我并不需要多么努力，因为我确实认为自己拥有非常好的记忆力。”

以下就是从狄恩陈述中截取的部分片段。

> 9月15日那天，司法部宣布下发联邦大陪审团调查“水门事件”的7份起诉书。就在那天下午，我接到白宫打来的电话，要我去总统的椭圆形办公室。当我到达椭圆形办公室的时候，我看到霍尔德曼和总统都已经在那里了。[①] 总统叫我坐下。他们两个人看上去情绪都非常好，接待我的时候特别热情，而且是非常真挚的。总统接着告诉我说，鲍勃——指的是鲍勃·霍尔德曼——已经将我处理“水门事件”的措施告诉了他。总统告诉我，我做得很不错，他明白我能那样处理这件事情很不容易，而且他很高兴这件事情到利迪这里就算结束了。我的答复是，我不能受此殊荣，而且这件事情

① 霍尔德曼时任尼克松总统的办公厅主任，他最初是尼克松总统竞选活动的先遣人员，后来曾跟随尼克松访华，前后跟随尼克松8年。——译者注

也不是我一个人的功劳，其他人处理了更为棘手的事情。在和总统讨论当时的事件进展时，我告诉他，我所能做的就是遏制这件事的传播，并把这件事和白宫撇清干系。我还告诉他，要让事件彻底平息，还需要做许多工作，而且我也不能保证，整件事情是否会有那么一天被公之于众。

而通过阅读录音的文本，奈塞尔发现，尼克松根本就没有说把事情归功于狄恩的话。尼克松也没有让狄恩坐下。他也没有说霍尔德曼已经告诉他关于狄恩的事情。他没有说狄恩干得很不错（至少是在那段谈话中没有出现这样的话）。他也没有说到关于利迪和起诉书的任何事情。狄恩当时也并没有说过他所描述的那些话。从下面这段真实的录音片段中，我们就能看到这一切。

总统：嗨，还好吗？你今天很辛苦，对吧？你一直都在处理“水门事件”，对吧？

狄恩：我们都尽力了。

霍尔德曼：事情是怎么了结的？

狄恩：嗯，我认为，现在可以说还不错。舆论一直按照我们预想的方式进行。

霍尔德曼：掩盖住了？

狄恩：不，还没有——现在这件事情——

总统：这是件大事。

霍尔德曼：5 人被起诉，加上白宫前官员，和这里的一切。

狄恩：是啊，加上两名白宫官员。

霍尔德曼：很好。这样就可以减轻掩盖的压力，真的。这也是米切尔一直在讲的，对这个国家的人们来说，利迪和亨特就已经是大人物了。也许这样很好。

总统：麦格雷戈的情况怎么样?

狄恩：我认为他做得很好。他做了一场不错的陈述，说已经接触了大陪审团，现在已经到了责任人应该站出来道歉的时候了。

霍尔德曼：这是很好的机会。

狄恩：有人去包揽罪过（无法听清）。

霍尔德曼：我们不能那样做。

总统：只要记住，我们遇到的所有问题，总有一天会解决的。你做的其他调查的情况怎么样?

尼克松接了一个电话，谈话被中断了一会儿。电话被挂断之后，狄恩又向总统汇报其他事情的进展状况。

狄恩：3 个月前，我可能还无法预测，是不是有一天人们会忘记这件事。但是，现在我认为，从现在开始的 54 天内（54 天后正是 11 月的选举日），不会再有任何让我们感到吃惊的事情发生。

总统：这是什么意思?

狄恩：不会再有任何让我们感到吃惊的事情发生。

我联系了狄恩，想问他对奈塞尔所做评述的看法。他在电子邮件中告诉我，他并不知道奈塞尔对他在参议院听证会上的陈述做过评述。尽管如此，狄恩接着说，他知道那不是第一次对他的陈述和录音文本进行的比照。“我发现，在这个问题上钻牛角尖的人忽略了这样一个事实：我在听证会上所做的陈述，只是在尽我所能对自己所做的事进行说明——或者就像任何一个人所能做到的那样——也就是尽己所能去描述自己曾经的话。另外，大家要清楚，我的记忆力不是——别人的记忆力也不是——像录音机那样精确无误。由于我知道尼克松对我们的谈话进行了录音，所以我实际上在陈述中说得更保守、更谨慎。”

于是我寄给狄恩一份奈塞尔的评述文章，希望听到他更多的分析。我得到的反馈是一个非常简短的评价。“我认为，奈塞尔不仅歪曲了我的证词，而且歪曲了那些录音，”狄恩写道，“问题是，要检查所有信息需要很多时间，而我没有那么多时间来做这件事。”此后，狄恩就不再对我提出的问题做出回应了。

“事后之明”，无法做到客观公正

不管怎么样，狄恩的证词还是说明了非常重要的一点，即“事后之明”的存在绝非客观公正，甚至很难说接近客观公正。事实上，人类所犯错误的最主要的根源，就是这种“事后之明”的偏见。存在“事后之明”的偏见主要是因为：知道事情最终的结果会显著地影响我们看待或者回忆过去的方式。不管针对的事情多么微不足道，这种影响本身都是真实存在的。无论是 1975 年的“超级碗”比赛、祖母的结肠造口术，还是

> 在知晓事件发生的全部过程后，我们对事件的看法就会发生改变。此时，在我们眼中，一切看上去都显得那样确定无疑。

决定为宠物做绝育手术，效果都是如此。在知晓了事件的整体过程后，我们对事件本身的回忆就会发 生改变。

即使是历史学家也很容易犯这样的错误。在一个历史事件结束后——不管是葛底斯堡战役还是偷袭珍珠港——人们很容易从一些不相关的因素中整理出相关信息。那些描述这类历史事件的作品经常会向读者传达这样一种暗示：事件的发生似乎是绝对不可避免的。但是，这种引人入胜的叙述之所以能达到这样的效果，是因为它压制了一部分事实，而使另外一部分事实突显了出来——这个过程被称为“隐形的决定论”。

比如，著名军事分析家罗伯塔·沃尔斯泰特在即将结束她对珍珠港事件的评论时说：“当然，在事件之后，事件发生的信号就显得异常清晰了。既然事件已经发生了，我们就可以看到这个信号预示的灾难性后果。不过，在事件发生前，这个信号确实显得模糊不清，而且蕴含许多相互矛盾的含义。”

实验表明，这种“事后之明”的偏见不仅会夸大评论者早就预料到会如此的可能性，还会让人们记错自己当初的判断。这种情况在人们最开始就判断错了的时候，尤其明显。

大量对“事后之明”偏见的探索性工作是由巴鲁克·菲什霍夫于20世纪70年代先后在耶路撒冷的希伯来大学以及匹兹堡的卡内基·梅隆大学做出的。与奈塞尔一样，菲什霍夫也从前任总统尼克松那里找到了一个研究事后偏见问题的绝好机会。1972年，尼克松进行了两次具有划时代意义的访问：一次是去中国，另一次是去苏联。报纸上连篇累牍的都是对尼克松的访问能否成功的预测。对于菲什霍夫来说，这些预测都是次要的，他关注的是尼克松的外访行程给他们研究“事后之明”的偏见提供了一个绝佳的实验机会。

在尼克松开始他的行程之前，菲什霍夫和同事鲁思·拜斯让一群以色列学生预测某些事件发生的可能性有多大。他们要求学生们像博彩时那样估算概率。如果学生认为那些事件根本没有可能发生，就记录可能性为 0；如果认为事情肯定会发生，就记录可能性为 100%。

在尼克松结束北京和莫斯科的行程以后，菲什霍夫去回访那些曾经参与预测的学生，让他们努力回忆一下，自己当初到底是怎么预测的。他还问了受试者另外一个关键的问题：他们觉得自己当初预测的事情是不是真的发生了。

菲什霍夫发现，一段时间之后，受试者记错了自己最初的预测。这和俄亥俄州韦斯利恩中学的学生记错自己的成绩是一样的。另外，与俄亥俄州的那些学生（更不用说狄恩了）类似，以色列学生记得的事情总是偏向于让自己看上去比真实的自己聪明。菲什霍夫发现，特别明显的是，如果一个人相信事情真的已经发生了，那么他就会夸大自己当初预测会发生的概率数字。比如，原来他预测事件会发生的概率是 30%，现在他可能会记得自己当初预测的是 50%。不过，如果学生相信当初预测的事件没有发生，那么他们就会出现相反的倾向，减小自己当初对事件发生概率的预测数字。比如，本来认为事情发生的概率是 50% 的人，现在则会声称自己当初的预测是 30%。以上任何一种情况的效果都是相同的：受试者在回忆自己当初的行为时，总会让自己看起来更有先见之明。后来，菲什霍夫直接就把他的一篇论文的题目定为《事后之明≠先见之明》。

关于性伴侣，男女回答大不同

我们日常生活随时都充满类似的错误回忆。接下来，我们拿“性”

举个例子。你应该会记得自己的生活中到底有多少个性伴侣，而且你也清楚自己记得的这个数字是准确无疑的。但是，如果你询问身边朋友的性生活，你得到的信息是否还是这么准确呢？对于同样的问题，男性和女性的回答可能存在很大的差别。专业的民意调查人员已经清楚地注意到了这一点。一项在美国进行的调查显示，男性宣称拥有的异性性伴侣的数量通常会是女性的 4 倍。男女双方报告的数字本应是接近的，因为对一个男性来说，每一个新的性伴侣显然也是另一方的一个新的性伴侣。①

调查显示，男性承认拥有的性伴侣的数量通常会比女性调查承认拥有性伴侣的数量更多。

为什么会有这么大的差距呢？具体原因现在还不清楚。但是，看起来非常明显的是，男性和女性都不是在有意地掩饰自己性生活的历史。当然，确实有个别人会向调查人员撒谎。但是，当男人和女人被问及性生活时——性生活中其他方面、同样私密的话题——调查人员发现，双方的回答大体相似。比如，男性和女性承认有过非传统性行为的比例大致相似。在被问及性生活的频率、性生活持续的时间等问题时，男性和女性也都倾向于给出相近的回答。如此说来，既然人们在性生活的具体细节方面都会说出真实情况，那么他们就不大可能非要在性伴侣数量这一问题上撒谎吧？

确实，最可能的解释就是被调查者只是记错了。不仅如此，就像

① 在美国做过的调查显示，男性一生中拥有的异性性伴侣数量的平均数是 7 个；女性一生中拥有的异性性伴侣数量的平均数是 4 个。不过，人一生中拥有性伴侣的数目和所处社会的富裕程度有关。另外的一项调查显示：富裕国家每人一生拥有的性伴侣的平均数目是 10 个；在贫穷国家，这个数字为 6。

俄亥俄州韦斯利恩中学的那些学生那样，他们记错的方式偏向于自我美化（符合刻板印象）。男性倾向于夸大自己记忆中性伴侣的数量，而女性则倾向于减少自己记忆中性伴侣的数量。

为什么赌徒对赢钱都信心满满

出现类似记忆倾向的还有一类人——赌徒，尤其是那些在橄榄球等体育项目上下赌注的人。如果你碰巧认识这样的人，你可以让他给你讲讲赌赢时的故事，然后问他们赌输时的情况。你一定要认真听听他们是怎么讲的。这些人在讲述这两种不同情况的时候，说法也是不一样的。典型的赌徒都会接受自己的胜利，为自己曾经遭受的失败辩解。

多年前，还在斯坦福大学上学的汤姆·季洛维奇就在毕业论文里专门追踪过那些在专业橄榄球赛和大学篮球比赛项目上赌球的老手的行为。季洛维奇后来成了康奈尔大学的教授。

"我只要随便向周围扫一眼，就会发现这样的人。"季洛维奇告诉我，"我一直纳闷，为什么这些赌徒总是信心满满呢？他们输得一塌糊涂，还会坚持从头再来，这在一定程度上很令人佩服。但是从另外的角度看，他们的生活就这样被彻底毁了。"

于是，季洛维奇开始仔细追踪这些赌徒的输赢状况，并且研究他们是怎么看待输赢这个问题的。

> 在赌徒眼中，失败的含义并不是"输了"，而是只差一点儿就能赢。

为此，他给了这些赌徒一些供实验用的录音机，让他们记录下自己在赌输和赌赢时的不同感受。这些录音被转换成文本，再被拿去仔细分析。季洛维奇发现，当赌徒押对的时候，他们总是倾向于用非常夸张的语言来讲述自己到底是怎么押对的——“我知道肯定会是这样!”或者说一些类似的话。但是，当押错的时候，他们往往会分析失败的原因，说比赛本来应该怎样，总之不该是这样的，以此来美化自己的失误。在这类情况下，赌徒往往会抱怨比赛之所以出现那样的结果，只是因为那支球队倒霉，或是碰巧出现了什么意外。对他们来说，这并不是一次失败，而是惜败。不论是在哪种情况下，吹嘘自己成功和为失败找借口的效果大体上是一样的：让自己的“先见之明”，通过各种“事后之明”，显得更突出。

我们比自己意识到的还要浅薄

在“事后之明”带来的这类错误记忆的背后，其实隐含着一个非常重要却没有被说明的问题：我们经常意识不到自己本来是心存偏见的。就这个意义而言，我们这里所说的“偏见”和人们通常对这个词的定义稍有不同——一些很明显的、对某些事物或人的成见。我们指的是更为细微的情况，即我们根本意识不到的判断偏差。

让我们来回想一下第一印象那个部分。当受试者看到实验中的两张照片时，还记得发生了什么吗?在事先没有研究过这两位政治人物的资料，也没有听到他们只言片语的情况下，受试者就已经做出了自己的判断：左边照片中的人更有竞争力。这些受试者只不过是看了一眼那两个政治人物的脸庞而已。

不仅如此，这种瞬间做出的判断并不是一种转瞬即逝的印象，它会直接影响受试者对那两位政治人物的投票情况。当研究者进行另外一项模拟的投票研究时发现，在选举过程中，后续提供给受试者的信息会冲淡（但不会消除）第一印象的影响。人们最终的选票投向，是以对竞选人的第一印象的推断为基准的。

这个发现不仅对我们理解投票选择，而且对理解生活中的其他选择都有着重要的意义。对于我们做出的许多重大的决定，其原因可能要比我们意识到的浅薄。确实，我们甚至不知道自己早已做出了选择。在上面的那个关于选举的例子中，研究人员得出的结论是，因为做出这类判断是如此迅速，所以“最初判断对投票决定产生的影响，是很难被投票者意识到的”。换句话说，投票者可能早已形成了偏见，只是自己还不知道他们已经被偏见影响了。

很多人可能很难接受这一点，因为人们都很自然地认为，自己是客观公正的。

“人们通常都认为，自己不会受到偏见的影响——即使在面对很充分的统计资料的证据时，他们也会矢口否认。”乔治·鲁温斯坦教授说。乔治在卡内基·梅隆大学任教，是美国研究偏见对人们形成自己判断的影响方面的顶尖专家。如果我们不知道自己被偏见左右，那么想要消除由此产生的错误就难上加难了。

> 不管是对什么事，人们通常都认为，自己不会受到偏见的影响——即使在面对很充分的统计资料的证据时，他们也会矢口否认。

医生在开处方时也会受到影响

让我们来考虑一下另外一个群体的情况，那就是每天在医院里给患者开药方的医生。处方药在美国的使用增长迅速。1995—2000 年间，美国处方药的年零售额已经翻了一倍多，高达1 320亿美元。如今，约半数的美国人至少要服用一种处方药。

但是，这类药方有很多看起来都是多余的。一项研究专门综述了近30篇关于医生如何开处方的文章。这项研究发现，除了其他方面，医生和药品公司的关系导致了一种状况，研究者很客气地称之为“非理性处方”。1989—2000年间，联邦政府的管理部门批准了1 000多种新药。如果这些新药都代表科技的显著进步则另当别论，而实际上并不是那么回事。美国食品药品监督管理局给出的确定说法是，在此期间批准生产的76%的新药与既有治疗方法相比，都不能算是“中等程度以上的”创新，许多新药都是在老产品的基础上做了一些调整，药品的成分并没有改变。

> 一项调查显示，有84%的医生认为，他们的同事会受到医药公司这类礼遇的影响。但涉及他们自身呢？只有16%的医生觉得自己也会受到类似礼遇的影响。

但是，这并不能阻止药品生产商继续获取丰厚的利润。2000年，这些按标准定价的新药的平均费用是治疗相同疾病的既有药物的近两倍。从这些药品中产生的额外收入，可以让这些医药公司在每一个美国医生身上投入8 000美元来推销他们的新药。[①]

这种礼遇会影响医生在开药方时的判断吗？医生们通常的说法是：不会。调查也一致显示，医生自称不会因为医药公司的财务安排在开处方时产生偏见。但是研究

① 2008年，医药行业表示会采用自愿的指导原则，禁止向美国的医生赠送特定的礼品（Harris，2008）。

结果恰恰相反。例如，一项调查显示，有 84% 的医生认为，他们的同事会受到医药公司这类礼遇的影响。但涉及他们自身呢？只有 16% 的医生觉得自己也会受到类似礼遇的影响。

披露偏见，并不能消除偏见

医生从医药公司收取好处，会使他们面临一个所谓的“利益冲突”问题。医生到底是为了自己的利益而工作，还是为病人的利益而工作？一般来说，一旦出现这类情况，一般的方法就是曝光冲突。让我们以股票分析师为例。这些分析师通常被要求披露他们与被分析的目标公司之间是否存在利益关系。律师也需要告诉客户，他是否还代理了其他人的诉讼，尤其是那些和现在的客户存在利益冲突的人。一些医生社团也是一样，它们坚持要其成员告知病人，自己在财务和利益上的冲突。比如，美国矫形外科医师学会正在推出一套新的行业标准，新标准要求学会内的矫形外科医师向病人披露自己所有与治疗相关的、与这个产业之间的财务联系。①

在上面提到的每一种情形背后，都是同样的原理在发挥作用：让消费者来决定医生是否存在偏见，及是否已受到偏见的影响，而且要让病人决定这种影响有多大，以及要在多大程度上更正这种影响。

但是，这种曝光或者对信息的披露会奏效吗？这就是乔治·鲁温斯坦想要探讨的问题。为了找出这个问题的答案，他和卡内基·梅隆大学的同事设计了一个游戏。这个游戏和我们在股票市场上玩的游戏

---

① 病人可以通过访问五大整形设备供应商的网站，来查明自己的外科医师是否与这些公司有经济往来。近年来，新泽西州的联邦检察官调查了该行业中的回扣情况，并与这些公司达成协议，要求它们必须公开这类信息。

没有什么太大的不同。在你投入资金购买股票之前，通常需要确定到底哪些股票是有投资价值的，它们值多少钱，10美元一股，还是20美元一股？为了做出这个决定，我们往往需要听一下其他人的建议，就是那些比你有更多股市知识的人，比如你的财务顾问。

在鲁温斯坦的游戏中，投资者也需要做出同样的决定。不过，他们需要确定的不是一只股票的价值，而是要猜一个罐子里硬币的价值。为了帮助他们做出判断，他还向这些投资者提供付费顾问的服务。这些顾问的工作就是帮助投资者猜罐子里的硬币到底值多少钱。他们可以提供罐子里硬币价值的信息，而且这些信息也的确是有价值的。

我们重点关注的环节是，投资者在游戏中是依据什么向这些顾问付费的。在某些情况下，投资顾问的收费取决于客户猜想结果的准确性：猜测得越准确，投资顾问得到的费用就越高。但在其他一些情况下，投资顾问的费用基于客户猜测的硬币价值的高低。客户猜测罐子里硬币的价值越高，投资顾问能挣到的钱就越多。如此一来，在投资顾问和客户之间就明显地出现了一个利益冲突：客户需要从投资顾问那里得到更准确的估计，但是投资顾问的高报酬却取决于给客户提供一个更高的估值。在这个游戏中，研究人员有时会向客户披露利益冲突，有时候则不会。

当利益冲突的信息被披露给投资者时，投资顾问提供的投资建议要比信息未被披露时糟。

接下来，游戏正式开始。如果你在股市有投资，你可能就会发现：实验的结果即使不能说很令人鼓舞，也还算非常有趣。就像你猜到的，利益冲突对投资顾问提供的建议有影响：投资顾问倾向于提高对罐子里面硬币的估值。但是，投资顾问向客户披露这种信息的后果是让其效果变得更糟糕。鲁温斯坦发现，投资顾问会一致夸大罐子里面硬币的价值，而且通常是非常明显的夸大。举例来说，当投资顾问的收费是根据客户猜测的准确性来决定时，投资顾问的估计通常会相对偏低——略高于 16 美元。但是，客户的付费方式变化后（根据猜测的硬币价值的高低付费），投资顾问会突然把估值提高到 20 美元（平均来说）。当投资顾问的收费方式依然基于客户猜测的硬币价值，并且投资顾问把自己的利益冲突披露给客户时，投资顾问对罐中硬币的估值会达到最高水平——超过 24 美元。

> 当利益冲突的信息被披露给投资者时，投资者确实会对投资顾问所给的投资建议打折扣——但是这个折扣的幅度却远远不够。

接下来，实验的关注对象转向客户，也就是那些投资者的反应——在一定程度上，这是更为重要的一点。当投资者知道投资顾问的这种利益冲突后，他们确实会给投资顾问提供的估值打折扣——但是这个折扣打得远远不够。一般而言，投资者会在投资顾问所给估值的基础上调低 4 美元，但是，投资顾问的估值实际提高了 8 美元！换句话说，投资者对投资顾问的估值所打的折扣，还不到他们应该打的折扣的一半。

是什么原因导致了这种结果呢？答案有好几个方面。最初的也是最明显的一个答案是：利益冲突被披露后，投资顾问会意识到自己的估值会被投资者打折，于是，他们会在自己原有估值的基础上再进一步提高估值，并以此来弥补投资者打折扣对他们所收费用的影响。

另外还有一个并不明显的原因。这一原因揭示的内容很有趣，它和一种被心理分析学家称为“道德豁免权”或“个人豁免权”的效果有关。在测试中，研究人员已经发现，如果人们已经以某种方式表现出自己并不会做假，那么在随后的任务中，他们实际上就会更容易出现相同的做假行为。比如，普林斯顿大学的研究人员最近证实，一旦人们在别人心目中确立了不偏不倚的可信任感，他们实际上会有强烈的意愿去表达错误的观点。

> 如果人们已经以某种方式表现出自己并不会做假，在随后的任务中，他们实际上就会更容易出现相同的做假行为。

面对利益冲突，人们倾向于逃避

我们在 2008 年美国总统大选中就可以看到这样的例子。有一次，民权运动领袖杰西·杰克逊接受福克斯新闻节目的电话采访，采访中谈到了贝拉克·奥巴马。在播出时的采访空当，人们竟无意中听到他的谈话中用了“黑鬼”这样的词汇。①（杰西·杰克逊曾因为把纽约市形容为“海咪镇”而遭到非议。②）

另外一个更典型的例子来自美国的烟草制造商。1965 年，联邦政府要求烟草公司必须在香烟包装上印上“吸烟有害健康”这样的警告标志，当时，这被消费者视为对烟草公司的一次重大胜利。然而，从此之后，烟草公司在面对消费者诉讼时找到了一面自我保护的盾牌，他们总是会援引这个警告标志，以此来证明消费者本来就应该知道吸烟的危害。烟草公司的典型说法就是：“哎，我警告过你哦！”

---

① 黑鬼（The N-Word），N 为英文单词 Nigger 字头，该词源于西班牙语中的 Negro，意为“黑色”，指黑皮肤的人，尤其是那些有非洲血统的人。在现代英语中，这是一个带有种族歧视色彩的贬义词，是被禁止的称呼。——译者注

② 海咪（Hymie），是对犹太人贬义的称呼，是非常无礼的用语。——译者注

披露利益冲突在一定程度上发挥的也是同样的作用。这会告诉人们："嗨，我可是警告过你的！"烟草公司显然觉得这种警告给了他们一种"道德豁免权"，这样他们就可以肆无忌惮地销售他们的产品，毒害消费者。鲁温斯坦实验中的那些投资顾问显然也觉得他们拥有了同样的"个人豁免权"，这样他们就可以追逐自我利益，而无须顾虑客户的损失。

尽管鲁温斯坦的发现仅仅局限于实验室。不过，他认为，类似的力量在现实世界中颇为广泛。

"假设你是一个投资者，你发现 IBM（国际商业机器公司）的审计师却正在为 IBM 提供咨询服务，"鲁温斯坦说，"或者假定，你的医生建议你做 X 射线检查，然后告诉你他和 X 射线检查设备的供应商之间存在利益关系。如果碰到上述这两种情况，你都不会知道自己应该怎么做。你会继续去做 X 射线检查吗？你会觉得 IBM 的股票价值其实只是原来的一半吗？或者降低 10% 或 5% 的估值？"

他说，人们通常并不知道该如何处理这类信息。

"于是，他们唯一能做的就是忽略这些信息，就当它们不存在。"

> 通常，在得知这类利益冲突的信息后，人们并不知道该如何处理。于是，他们唯一能做的就是忽略这些信息，就当它们不存在。

披露一种偏见，并不能切实地消除这种偏见。知道为什么了吧？这就是原因。正像鲁温斯坦所说的，你能想到的最好的方式，就是在最初避免这种偏见的产生。鲁温斯坦做了一系列实验，这些实验得出的基本结论从来都没有变过：无论在什么情况下，当利益冲突出现并被披露后，投资顾问会赚更多的钱，他们客户的钱会更少。

第5章

人们倾向于专注于一件事

在被其他事情（比如接电话）分神之后，人们平均需要15分钟，才能回到专注的脑力工作中。年龄越大，分神带来的影响就越难消除。不是说非要老到什么样子，反应能力才会下降，而是一超过40岁，这种能力就已经显著下降了。

你下一次驾驶飞机的时候，一定要记得罗伯特·洛夫特机长的教训。洛夫特是美国东方航空401航班的机长。他的最后一次飞行是飞往迈阿密国际机场。在他准备降落的时候，他感觉自己的飞机好像出了点儿问题。他已经放下了起落架，但发现指示灯并没有亮。于是他继续让飞机盘旋。飞机在2 000英尺的高空平稳飞行后，他决定检查一下到底出了什么问题。

他还是没能弄清楚是怎么回事，于是请副驾驶员过来一同检查，然而还是一无所获，于是他们又把随机工程师叫了过来。碰巧的是，来自波音公司的一名机修工那天就坐在驾驶舱的折叠椅上。于是大家也请这位机修工过来帮着一起检查。很快，就没有人去驾驶飞机了——飞机飞得越来越低。突然，机长意识到了这一情况。

“嘿！”他大声喊道，“这到底是怎么回事？”

这就是他留下的最后一句话。5秒之后，飞机俯冲向大沼泽地市，燃烧起来。101人遇难，包括机长洛夫特本人。对坠毁事件的调查表明，机组人员全神贯注地做着他们的工作，根本没有意识到当时的情况——而造成这一事故的原因，只是一个价值12美元的指示灯。

这次空难并不是一次倒霉的意外事件。驾驶着一架状况良好的飞机直接撞向地面是经常会出现的事情。霍尼韦尔公司的一位工程师特意为此起了一个名称，就叫“可控飞行撞地”，简称CFIT。尽管已经有了一系列技术革新，可控飞行撞地仍然是飞行安全最致命的威胁。有40%的空中事故和超过一半的空难事件与可控

在飞机状况良好的情况下，飞行员竟然会驾驶飞机直接撞向地面。这种状况是如此普遍，以至于人们还特意为它取了一个名称，就叫“可控飞行撞地”，简称CFIT。

飞行撞地有关。20 世纪 90 年代之后，由可控飞行撞地造成的飞行事故比其他任何原因的飞行事故造成的伤亡数都多。

当然，一个基本问题就是：是什么原因导致飞行员做出这种愚蠢至极的举动呢？十几年前，美国空军就此专门进行了研究。研究显示，可控飞行撞地事故同样是美国空军事故的一个重要原因。在 1987—1998 年间，可控飞行撞地事故造成了美国空军 190 人死亡，98 架飞机坠毁，总损失金额达到 17 亿美元。当美国空军仔细审查这些事故背后的原因时，他们发现，这些原因有很多相同之处：在超过一半的事件中，飞行中的机组人员忘记了关注驾驶舱内的情况。他们认真地投入某件事情，以致失去了驾驶飞机的精力。出现这种情况的原因之一就是，他们太想兼顾所有的事情。美国空军把这称为“工作过度饱和”。

我们并不擅长一心多用

不是每个人都亲身经历过可控飞行撞地事件，但是我们确实都体验过类似的情形——多任务处理，或者说是一心多用。无论我们是在行走还是在开车，我们的注意力就像洛夫特机长一样，会为同时要做的几件事情而分神：听 iPod[①]、用手机打电话，或者玩手机。

多任务处理是从计算机领域借用的一个术语：它本来是描述一项技术，通过这项技术，计算机可以把一项工作分成许多程序或任务。正因为有了这项技术，我们既可以运行微软的文字操作系统，同时又能从互联网上下载各项内容。大多数人认为，我们的大脑也可以通过

① iPod 是苹果公司设计和销售的系列便携式多功能数字多媒体播放器。——编者注

类似的方式运行。确实，多任务处理几乎成了现代工作场所的代名词。格洛丽亚·马克是加利福尼亚大学欧文分校的一位教授，她专门研究工作场所的多任务处理问题。她和同事对美国西岸的一家投资管理公司做了实地调研，他们观察到办公室里的每个人每天都在忙来忙去。他们记录下员工每一次活动的转换，比如，从阅读收件箱里新到的电子邮件，到打一通电话，再在便利贴上草草地记录。研究人员发现，工作人员所做的事情总是会不断地被其他事情打断——平均来说，每小时要被打断 20 次。这也就意味着，一般而言，员工集中注意力在一件事情上的平均时间不会超过 3 分钟。

即使是计算机，也不能真正地同时进行多任务处理。计算机也是在不同的任务之间换来换去的，只不过它转换的速度很快，每秒高达数千次，这就给了我们一种错觉，以为那些事情好像是同时发生、同时被处理的。

但是，多任务处理已经成为当前社会一个巨大的谜团。尽管我们认为，我们可以集中精力同时做几件不同的事，可实际上，我们的注意力只是在几件事之间不断地换来换去的。即使是计算机，也不能真正同时进行多任务处理。计算机也是在不同的任务之间换来换去的，只不过它转换的速度很快，每秒高达几千次，这就给了我们一种错觉，以为那些事情好像是同时发生、同时被处理的。[①]

① 一些新型的计算机可以有多台处理器，而且这也确实使计算机得以同时完成多项工作，就像一个人拥有两个甚至多个大脑。每台处理器都可以独立地工作（或者说是独立处理数据）。但是，在过去，当多任务处理这个术语最初出现的时候，计算机实际上只拥有一台处理器。

我们的大脑给了我们同样的幻觉，但不幸的是，它并未给我们带来相同的结果。并不存在将注意力分配在两件有意识的活动上这回事。在某些特定的情况下，我们可以很清醒地同时认识到两件事，但是并不能同时对这两件事做出决定——无论它们有多么简单。确实，有时候你可以一边走路，一边嚼口香糖。你也能做到一边开车，一边和乘客说话——但只有经过大量练习，直到当前的活动几乎不再需要有意识地控制时，你才能在这样做的时候轻车熟路。然而，我们并不能对生活中所有需要同时完成的任务有足够多的练习。比如，下一次你在餐厅吃饭时，试着在与客人谈话的时候算一下，根据账单消费金额，应该付的小费是多少。

一心多用＝遗忘

确实，我们通过一心多用获得的工作效果往往并不可靠。这是因为，大脑在切换工作的时候，运转速度会大大下降。就像我们上楼时那样，尽管一步迈两个台阶看似节省时间，但如果每迈一步所耗费的时间增加了，那么上楼的速度并不比一步一个台阶快——或者说我们这样做，实际上什么都没有得到。大体上，如果我们的大脑在运转时试图一心多用，最终的效果和上楼梯的例子是一样的。在一个实验中，研究人员要求学生辨认两幅图：五颜六色的十字形状和一些几何图形，比如三角形。看起来很简单，对吧？当学生们同时看到五颜六色的十字形状和几何图形的时候，他们需要差不多1秒才能做出反应，再去按选择按钮。即使这样，他们也总是会按错。但是，如果学生们每次只需要辨认一种图形，也就是说，先出现十字形状，然后出现几何图形，此时，他们做出判断所需的时间几乎可以缩短一半。

从一项工作转换到另外一项工作还会带来其他问题，其中之一就是，我们会忘记自己刚才到底是在做什么，或者计划要做什么。我们大脑中想要做的事情的清单，被称作“工作记忆”，这种记忆会追踪我们短期之内需要记住的所有东西，比如，有人刚刚告诉你的一个电子邮箱地址。但是，内存记忆的内容会像沙漠里的水那样很快蒸发，大约两秒之后，工作记忆里的东西就消失了。研究显示，在思考一个新问题 15 秒后，我们就会忘记原来的问题。在一些案例中，前一个问题被忘记的概率可以高达 40%。这里显然存在发生严重错误的隐患，假如你是航空调度员这类人的话，则更是如此。[①]

> 在不同工作之间进行转换，会使我们忘记自己原本到底在做什么。在有些情况下，这种遗忘出现的概率高达 40%。

在不同任务之间转换的另外一个成本是“低谷期”。当处理一项工作时被打断，然后去做另外一项工作时，我们需要一段时间把注意力从原来的事情调整到新的事情上。对一些工作场所的研究发现，在被其他事情（比如接电话）打断之后，人们平均需要 15 分钟才能重新回到那种聚精会神处理工作的状态。这些发现与其他研究者在观察微软公

> 对一些工作场合的实地研究表明：在被其他事情（比如接电话）分神之后，人们平均需要 15 分钟才能重新回到专注的脑力工作之中。

① 美国海军测试过它与航空调度员职能相同的工作人员，测试发现，监视多台计算机屏幕的操作人员会遗漏屏幕上的大量变化。有报告警告说，这类疏忽的后果会是灾难性的。

司雇员的工作习惯时的发现是一致的。在那项研究中，微软公司的一组工作人员在回复一封电子邮件之后，平均需要 15 分钟才能回到专注的脑力工作任务中，例如写报告或者编写程序代码。在此之前，他们通常都需要闲逛一下，回复其他一些信息，或者是在网上浏览一下新闻、体育或娱乐资讯。

这样的分神如果发生在工位上，那对我们个人可能没有多大的危害。但是研究人员逐渐发现，在真实的世界中，这样一心多用的工作状态是非常危险的，比如开车的时候拨打或接听电话这类看似简单的举动。美国陆军于 1999 年就打电话对驾驶能力的影响进行了研究，得出的结论是，“无论怎样使用移动电话，都会导致驾驶者在高速公路上处理交通状况的能力大幅下降”。

年龄越大，分神带来的影响就越难消除。不是说非要老到什么样子，反应能力才会下降，而是一超过 40 岁，这种能力就显著下降了。

来自美国陆军的研究还提及，对于那些上了年纪的驾驶者，一心多用的影响尤其明显。研究发现，在驾驶中使用手机而分神导致的影响中，驾驶者的年龄扮演着一个非常重要的角色。年龄越大，分神带来的影响就越难消除。不是说非要老到什么样子，反应能力才会下降，而是一超过 40 岁，这种能力就显著下降了。

桥？什么桥啊？

更让人担心的是，注意力分散还会产生一个严重的后果，我们称之为“非注意盲视”。在这种情况下，一个人甚至可以眼睁睁地盯着一样东西却无视它。20 世纪 90 年代初，对于这类现象的研究其实早已为人熟知。在许多单独进行的实验中，研究人员纷纷发现，大量参与实验的人对实验中出现在他们视线中的东西完全视而不见。这种倾向不仅是在视线中出现的东西很小的时候如此，在东西很大，而且本来应该非常明显的情况下也是同样的。

这种情况的一个活生生的事例出现在 2004 年，地点就在华盛顿附近。这一年的 11 月 14 日早晨，詹姆斯 · 安东尼 · 琼斯，一个 44 岁的公交车司机，从巴尔的摩华盛顿国际机场接一群学生去已故前总统乔治 · 华盛顿的故乡芒特弗农参观。据大家说，琼斯那天的情绪很糟。随行的另一辆带路的司机的态度让琼斯心烦气躁。那个司机不仅在离开机场的时候没有和他打招呼，把他扔在后面，而且没有清楚地告诉他旅程的一些具体细节。最终的结果是，琼斯被丢在路上，不知道该怎么办。琼斯打电话向他的老板抱怨，但是显然没有得到满意的答复。于是，他拿出手机打给自己的妹妹，然后开始发泄不满。

他们那天的路线是沿着乔治 · 华盛顿纪念专用道一直开下去的。这条专用道要穿过起伏的小山丘，以及一个拱形的桥洞，然后穿过坐落在亚历山大大道上的一座风景秀美的石桥——该桥建造于 20 世纪 30 年代。在到达亚历山大大道石桥之前的 1/4 英里的路边，有一个很大的黄色标志用来提示司机，前面过道的右车道限高 10 英尺。

对于普通轿车来说，这不是什么问题。但是，对于公交车就有问题了。琼斯的公交车高度是 12 英尺——比限高多了 2 英尺。解决这一问题的办法是把车子并线到靠近桥梁拱形中心的车道，这里可以安全通过的高度超过 13 英尺，领路的车子就是这么开过去的。

然而，琼斯并没有转换车道，也没有踩刹车或是停车，甚至根本没有减速。他继续和电话另一端的妹妹聊天。几分钟之后，车子撞向过街桥。砰的一声，猛烈的撞击把右侧车顶彻底掀翻，玻璃碎片像雨点一样落向车厢里的学生，车顶出现了一个大洞。

“这太奇怪了！”乘车的一位学生戴维·古谢勒说道，“当你朝右边看过去的时候，你直接看到了公路——没有车顶，没有车窗，什么也没有。”

难以置信的是，车上 27 名学生没有一个丧命，只有一个受了重伤。事故发生后，美国国家运输安全委员会派出调查人员来调查此事。琼斯在接受质询时的回答，就是对这种“非注意盲视”情况的一个很好的证明。琼斯告诉调查人员，他不仅没有看到黄色的警告标志，甚至都没有看到过街桥。

最常见的反例：开车走神

如今，驾驶时分神导致的机动车事故，远比安全官员曾经估计的频繁得多。实际上，美国国家公路交通安全管理局对由分神导致的交通事故的状况重新做了调查。在这项研究中，司机的座位前方都装有摄像头，研究人员就可以据此观察司机在开车的时候到底做了什么。查理·克劳尔作为一名研究人员参与了这项研究。

克劳尔说：“我们发现，有 78% 的机动车撞毁事故和 65% 的擦碰事故，事发当时司机不是转脸看别处，就是在做和驾驶无关的事情。”所谓的“其他事情”，包括摆弄自己的手机。这种状况的发生频率，比我们所能想象的高很多。在以前的研究中，人们都是听司机自己的叙述，说自己在驾车的时候是在做什么，而不是通过实际的录像资料来观察他们到底在做什么。因此在以往的研究中，只有大约 25% 的撞车事故是由司机不在意或分神导致的。

克劳尔说，让司机分神根本不需要多长时间，两秒的眼神游离就足以令事故发生的概率提高一倍。更短时间的眼神偏移，加起来等于或者超过两秒，也会带来同样的后果。这样的时长几乎与我们在手机上按下一个按键，或者是在仪表盘上给卫星定位系统确认一个目的地所需的时间相当。2004 年，有这样一项专门的研究：在市场占主流的全球定位系统上，用手触屏幕键盘的方式输入目的地需要多长时间。一般而言，完成这样的动作并正确地输入地址需要 86 秒，或者说将近 1.5 分钟。这就意味着一个驾驶员需要让眼神离开路面 20～35 次。当然，这还是对一般司机而言（上了年纪的司机，需要让眼神更多次地离开路面）。

> 让司机分神根本不需要多长时间，两秒的眼神游离就足以令事故发生的概率提高一倍。

不仅如此，输入目的地的任务需要司机集中注意力，因此，司机在屏幕上输入目的地的时候，常会把车子从原来的车道转到另外一条车道上去——这种情况实在是太容易出现了，以致日本的交通管制规则还特意规定禁止这种行为。但是在美国，情况却完全不同。美国司机开车时需要遵守的限制规则要少得多。不过，随着分神导致的事故率不断攀升，情况已经开始出现转变。比如在纽约市，管理部门就正在考虑禁止司机在开车过程中收发信息。这一举措是由发生在 2007 年 6 月的一起事故引发的。在这次事故中，5 个十几岁的女孩子开着一辆时髦的运动跑车直接撞向一辆大拖车，车上的 5 人全部毙命。从事后得到的电话记录中，人们得知，驾驶者从自己的车道滑向另外一条车道的时候，正用手机发短信。

然而，唯利是图的汽车制造商们满眼只有利润，他们还在不断地给车子添加更多会分散驾驶员注意力的装置。车载定位导航系统已经是多款汽车的标准配置了。为孩子们准备的娱乐系统、防止撞击的警告装置和后视摄像头也都是这样。还有些汽车制造商甚至给车子配备了军队专用的夜视系统。比如，宝马公司已经开始提供一套价值 1 900 美元的系统，这套系统可以利用热成像技术来探察出现在车前的人、动物，以及其他障碍物，这些图像都会被投影到仪表板上的一个电视屏幕上。

车轮上的客厅，还是车轮上的灵柩？

2007 年，家得宝公司的前执行总裁，曾任克莱斯勒公司首席执行官的罗伯特·纳德利告诉一群杂志出版商，他认为轿车应该成为“你最钟爱的客厅”。

“我真的这么认为，”他说，“我的意思是，它必须带给你满足感。把你从 A 地带到 B 地只是它的附带功能，对吧？”克莱斯勒公司 2007 年预计会亏损 16 亿美元，同时也已经开始把它生产的一些车子称作“在车轮上的客厅”。

那么，如果客厅中有一套娱乐设备，那就再合适不过了。随着消耗在交通上的时间变得越来越长，在美国的许多地方，人们一天中需要在车上度过的时间已经超过了 90 分钟。在车上度过的大部分时间（或者可能是所有的时间）都让人感觉无聊透顶。于是，像微软这样的公司纷纷开始寻找新的方式来为驾驶者提供娱乐活动。2007 年，比尔·盖茨在拉斯维加斯举行的国际消费类电子产品展览会上发表演说，他认为公司的目标就是要靠拢人群，靠拢自己的

> 比尔·盖茨说：“我们的雄心就是，让你一天 24 个小时，时刻都能体验和世界沟通的感觉。”

客户——不管他们身在何处，也不管他们正在忙什么。

“我们的雄心就是，让你一天 24 个小时，时刻都能体验和世界沟通的感觉。”比尔·盖茨告诉台下拥挤的人群，“我们承认，在你睡觉的时候，我们的确很难确定可以为你提供什么服务。但是，在其他时间——当你走进厨房，打开电冰箱，拿起电话，听到告诉你交通状况的警示铃声——别管是什么，我们都希望给你提供你最感兴趣的信息。不仅如此，在我们更广泛的考虑中，还有一个地方，显然需要我们提供特殊的服务。”

他说，那个特殊的地方，就是汽车。

“随着时间的推移，”盖茨说，“在汽车内的娱乐需要发展，就像你在其他任何地方对娱乐的需要一样。”

为了帮助人们得到彻底的享受，微软和福特汽车公司达成了一项协议。从 2008 年推出的新车型开始，福特将提供和微软共同开发的一款新产品，名字叫作“同步娱乐”。它的工作方式像一个超级大脑，你可以在上面进行操作，手机、iPod，还有其他小设备都被装置在车里的网络中心上。

福特公司承诺，“同步娱乐”系统会给“汽车内的交流沟通和娱乐带来革命性的变化”，这项技术让人耳目一新。驾驶者应用高科技语音识别软件和装在汽车方向盘上的按钮，可以用一种新的方式同时做几件事。比如，你不仅可以使用一个 U 盘（一种微型高容量移动存储产品）或 iPod 来听音乐，同时还可以在驾车时通过“同步娱乐”对话装置来设置自己的个性化曲目列表。不仅如此，如果“同步娱乐”系统在播放音乐的时候，恰好有一通电话打进来，该装置还可以在仪表盘的屏幕上显示来电人的姓名，并同时暂停音乐播放。这种装置还可以在你开车的时候，让你发送和接收文本信息。“同步娱乐”系统甚至还会翻译表情符号，比如微笑的脸庞表情，或是那些众所周知的词语简称，比如“LOL”[①]。

> 你在开车的时候，随时可以收发文本信息。“同步娱乐”系统甚至还会翻译表情符号，比如微笑的脸庞，或是那些众所周知的词语简称，比如“LOL”。

时任福特公司美洲地区的总裁马克·菲尔德（Mark Field）说道：“它综合了所有电子设备，前所未有，你所知道的一切设备，比如你的手机、Zunes[②]、iPod 等所有你原来开车时会带在口袋里的东西。”

菲尔德接着说：“在过去，这种系统是我们准备在豪华型轿车上引进的一大亮点。”但是它的销售潜能如此巨大，“是绝对庞大的市场”。他表示，福特公司还将为旗下的“探索者”和“金牛座”这样的中档车型提供同样的装置，只需要 395 美元，就可以将它们作为备选配置。

容易分神的大脑

福特公司表示，“同步娱乐”系统是安全的，因为在使用它时，驾驶者的双手根本无须离开方向盘。[③] 然而，人在需要同时处理多项事务的时候，即使双手不离开方向盘也无济于事，因为此时管事的是大脑。

---

① LOL，即 Laugh out loud，意思是“大声笑”。——编者注

② Zunes，微软为与 iPod 竞争而推出的新款播放器，支持多种格式。——译者注

③ 在“同步娱乐”网站经常被问及的问题中，有评论说：“这是一种非常聪明的解决方案，因为现在越来越多的州在司法裁决时认为驾驶时用手拿着电话和别人通话是非法的。”

关于大脑在“一心多用”问题上的一项共识是在 1935 年得出的。美国心理学家约翰·里德利·斯特鲁普报告说，人在“一心多用”的时候，一项任务的信息会干扰另外一项任务。斯特鲁普观察到，当受试者被要求说出一个单词的颜色时（比如“绿色”这个词），如果这个单词是用其他颜色（比如红色）书写的，那么受试者要准确地说出该颜色就会遇到很大的困难。现在，这种情况被称为“斯特鲁普效应”。只要两项任务交叠在一起，这种现象就会出现。

这种任务交错的情况，随着仪表板上显示的信息的复杂程度而迅速增加，出现的可能性也在不断地提高。例如夜视系统就需要司机把注意力从道路上移开。其他很多这样的装置本来都是为了让司机开车更加安全而设计的，但是却在司机最可能出现意外的时刻分散了他们的注意力。《芝加哥论坛报》的一位汽车评论员吉姆·马泰亚，在驾驶价值 5.5 万美元的沃尔沃 S80 旗舰轿车兜圈的时候就发现了这一点。除了其他的一般装置，这辆车还配备了价值 595 美元的选装系统——盲点信息处理系统（BLIS）。但是，这种盲点信息处理系统却一点儿都处理不了盲点问题。

> 许多安全装置却在开车最可能出现意外的时刻分散了司机的注意力。

“有证据表明，这个系统带来的困扰比手指甲在黑板上划出的噪声稍稍好一点儿。”马泰亚总结道。通过使用盲点信息处理系统，挡风玻璃前的顶柱上会出现橘黄色的亮光，通过闪动告诉驾驶者有车辆进入了其盲点区。但是在交通拥堵的地方，这种亮光总是会不断地出现并消失，由此引起驾驶者非常严重的分神。这种分神已经给越来越多的司机造成了困扰。

在从一项任务转到另一项任务的时候，司机——就像我们前面提到的那些在办公室工作的员工一样——需要一段休整期，以便从分神的状态中恢复。这种任务变化对上了年纪的司机（60 岁以上）来说尤其困难。他们所需要的恢复时间与那些年轻的司机相比要长得多——有时候是后者的两倍。然而，我们知道，现在开车的老年人数量正在迅速增长。到 2030 年，美国注册登记的超过 65 岁的驾驶人数量可能达到 5 700 万。上了年纪的驾驶者不仅需要更长的恢复时间，他们的反应也更慢，视觉区域更狭窄，而且处理信息的难度也比年轻人大。

> 上了年纪的司机需要的恢复时间与那些年轻的司机相比，要长得多。

结果就是，通过分散司机注意力才能工作的安全装置，可能并不像我们预想的那样有效。美国空军对可控飞行撞地事故的调查也发现，事实正是如此。许多这类航空事故的发生和飞机配置了复杂的电子装置有关（与盲点信息处理系统的情况并无不同）。这些装置本来是为了在危险临近时警告飞行员的（比如飞机已经过于靠近地面），结果却适得其反。原因是如果警告太过频繁，飞行员就会倾向于忽略它们。美国空军的调查发现，当这类警告的情况真实发生时，这类装置常常无法留给飞行员足够多的时间来做出反应，因为飞行员首先需要确定出现的到底是什么问题（为什么会出现警报），然后才能决定采取什么措施。有一项对从飞行录音资料中得到的信息进行的研究表明，飞行员做出反应的时间平均为 5.4 秒。这个时间听起来并不是很长，但是在以每小时 700 英里的速度飞行的情况下，这个时间却太久了，堪称生死时速。

高科技副驾驶员

美国空军对此做出了反应，开始测验一种新的系统——在飞机向地面俯冲的时候，这种系统可以自动接替飞行员的工作。汽车制造商们也纷纷效仿。他们已在悄悄地开发“工作负荷管理程序”，也就是高科技副驾驶员——当你顾不过来的时候，它可以接手你的驾驶工作。车子里安装的传感器可以监视车速、刹车、头灯或者挡风玻璃的雨刷，看它们是否正在使用之中，这个管理程序通过分析从传感器上得来的信息进行工作。在欧洲，沃尔沃一些车型的轿车已经安装了这种智能驾驶系统。当车子在变换车道或转弯的时候，该系统可以屏蔽电话信号，以保证司机集中注意力驾驶。

> 智能驾驶系统在车辆变换车道或转弯的时候，可以自动屏蔽电话信号。

尽管如此，司机在开车时的工作量还是在不断地增加。车辆不仅像纳德利说的，正在变成人们的移动客厅，还正在成为移动办公室。对于卡车来说尤其如此。如今，路上卡车的数量正在迅速增长，在 1980—2003 年间，公路上行驶的轿车数量几乎没有变化，但是卡车的数量几乎上升至 3 倍。现在，各类卡车已经占了车辆总数的四成左右。

18 轮大卡车的驾驶室已经被各种各样会分散司机注意力的设备逐步填满，司机们越来越乐于聚精会神地享受这些，以致经常追尾。比如在 2001 年，琳达·卡马乔，一位来自得克萨思州沃思堡的 51 岁妇女，在驾驶一辆别克轿车时被一辆大拖挂车追尾。在汽车爆炸后，她被活活烧死。经过调查，这辆卡车属于沃纳公司，这是一家位于内布拉斯加州奥马哈的公司，是世界上最大的卡车公司之一。该公司拥有一支将近 8 000 辆大拖挂车的车队，记录的年行驶总里程超过 10 亿英里。

事故发生后，卡马乔的家人对沃纳公司提起了诉讼。在诉讼过程中，卡马乔一家的律师发现了一件令人震惊的事实：在事故发生的那个关键时刻，卡车司机正在使用电子邮件系统发送邮件。

让人难以置信的是，这种安装在卡车上的电子邮件系统远比我们想象的普遍得多。安装在沃纳公司车辆上的电子邮件系统是由高通公司设计开发的——这是一家来自圣迭戈的无线通信公司。这种系统于 1988 年在美国上市，从此以后，它的使用量迅速增长。根据高通公司的统计，这种系统已经被超过 2 000 支大拖挂车车队在全美范围内使用。使用该系统的这些公司不仅依靠它发送电子邮件和驾车司机保持沟通，而且通过它跟踪定位司机的位置。无数电子信息就是这样在美国范围内通过高通公司的系统，经由卫星在不断地传递着的，这些信息还要通过公司位于圣迭戈的网络中心进行格式化处理。2005 年，公司估计，他们的网络管理中心每天要处理超过 900 万条信息和位置回馈。

根据法庭的记录，沃纳公司完全可以通过关闭信号系统来避免卡车司机收发邮件。如果信号系统被关闭，那么司机处于驾驶状态的时候，计算机屏幕和键盘就可以锁死。但是，即使装配了这种系统的卡车发生了多次严重事故，包括一次在宾夕法尼亚州造成两人毙命的事件，沃纳公司还是拒绝使用这种关闭信号系统的功能，公司的发言人也拒绝就此做出任何回应。

第6章

周围环境带来的干扰

我们常常因受到周围环境的影响而主观臆断。如果你是一位男士，有一天银行在寄来的宣传册上放置了一张女性的照片，那么，你的贷款需求就会增加，增加的幅度相当于利率降低5个百分点时贷款需求增长的幅度！

有一天，一则报纸的头条新闻赫然映入了我的眼帘。

某男子错把黄色录像带内容听作某女在求救，遂手执利剑私闯他人住所，此男子面临索赔要求。

报道中的这位男子名叫詹姆斯·万·艾弗雷，故事发生在威斯康星州奥科诺瓦克市的密尔沃基郊区，就在当地南主街红邦妮餐馆的附近。时年39岁的艾弗雷和母亲一起，住在那家餐馆后面的一幢公寓楼里。2007年2月12日早晨，艾弗雷和母亲听到有声音——据他后来所说，是非常清楚的声音，声音是从楼上的房间里面传出来的，那是一个女人的尖叫声。

他说："那个女人在大声地喊着救命！"

起初，艾弗雷并不想搭理这件事。但叫声持续了一阵子后，他再也忍不住了。他没有电话，所以也不可能报警。于是他抄起手头唯一的武器——一把家传的利剑——快步冲上楼去，然后奋力踹开了楼上住户的房门。

那位住户是33岁的布雷特·斯蒂格豪斯特，他在当地一所专科学校念书。踹开房门后，艾弗雷发现，斯蒂格豪斯特正在看黄色录像。

"电影全是西班牙语的，里面的对白我一句也听不明白，"斯蒂格豪斯特告诉记者说，"我买来看只是因为里面的那些性感小妞。"

艾弗雷想要知道，那个惊声尖叫的女人在哪里。但是斯蒂格豪斯特说，根本就没有什么女人。他甚至带着艾弗雷在屋子里找了个遍，就是为了证明自己房间里并没有藏着什么女人。在确定房中并没有呼喊救命的女人之后，艾弗雷带着他的那把利剑离开了。没过多久，警察就找上门来。除了其他指控，艾弗雷还被控非法入侵。大众媒体很快就蜂拥而至。

"现在我觉得自己很愚蠢，"艾弗雷告诉记者，"这纯粹是一场误会。"

我们是如何界定问题的

艾弗雷的事例帮我们指明了一个很常见的错误来源：对问题的界定。日常生活中常见的大量错误，都是因为我们很轻易地做出主观臆断，或者是用错误的方式看待问题。你可能遇到过与“界定”相关的问题，而且根本就没有意识到。想想看，在大型购物中心外的停车场上，你走向停车的地方，拿出车钥匙时却发现面前的不是自己的车子。你有过这种经历吗？

人们对问题的界定有很多种表现形式，有时候是通过我们的眼睛，有时候则是通过耳朵。比如十几年前，英国的研究人员想要确定，人们在杂货店里买酒的时候是否会受到音乐的影响。为了弄清这一点，他们在一家杂货店专区的货架上安置了一台盒式录音机，在录音机下面摆放了4种法国葡萄酒和4种德国葡萄酒，这些酒的价格和质量都大致相仿。接着，研究者在不同的日子里轮流在那个区域播放法国音乐和德国音乐。他们发现，当播放法国音乐的时候，法国葡萄酒的销量要大大超过德国葡萄酒的销量；但是当播放德国音乐的时候，情况则正好相反，德国葡萄酒的销量超过了法国葡萄酒的销量。(我们知道，这家商店的顾客一般都更倾向于选择法国葡萄酒，但即使有这样的前提，测试的结果也是如此。)

> 当播放法国音乐的时候，法国葡萄酒的销量要大大超过德国葡萄酒的销量；而当播放德国音乐的时候，法国葡萄酒的销量就下降了。

音乐对销量的影响绝对不可小觑。具体来说，杂货店播放法国音乐的时候，会卖出40瓶法国葡萄酒；当杂货店播放德国音乐的时候，法国葡萄酒的销量一下子减少到了12瓶。这种倾向在德国葡萄酒上也是一样的。当杂货店播放德国音乐的时候，会卖出 22 瓶德国产的葡萄酒；当杂货店播放法国音乐的时候，售出的德国葡萄酒的数量就下降到了 8 瓶。

有趣的是，大多数顾客根本没有意识到自己的购买行为竟然会受到音乐的影响。在购物者选定了自己要买的葡萄酒后，调查者会让他们填写一份调查问卷。在接受调查的 44 名购物者中，只有 6 个人说他们之所以选那种葡萄酒是因为听到了某种音乐，是受到了音乐的影响（大约占总数的 14%）。这有助于解释为什么界定有那么强大的影响力，因为我们通常并不能意识到这种影响的存在。

对于界定这个问题，我们的很多认识都来自丹尼尔·卡尼曼教授的工作，也得益于已故的著名心理学家阿莫斯·特沃斯基。他们二人的研究都集中在人们是如何做出决策上的（尤其是在不确定的条件下如何做决策）。他们通过一系列实验证明，人们对一件事情的界定，会在很大程度上影响人们对它的反应和判断。

在卡尼曼和特沃斯基的一项实验中，受试者被分为两组，两组人都要面对同一个虚构的问题：美国正为亚洲的一种传染病暴发做着准备，这种传染病估计会使 600 人丧命。接下来，每一组受试者得到的关于这个问题后续状况的信息就不相同了。然后，研究人员会问他们到底更愿意做出哪一种选择。这里就是提供给第一组人的一些后续状况。

- 如果采用方案 A，200 个人会被救活。
- 如果采用方案 B，有 1/3 的机会将 600 人全部救活，但是有 2/3 的机会无法救活任何人。

以下是提供给第二组人的后续状况。

- 如果采用方案 C，400 个人会丧命。
- 如果采用方案 D，则有 1/3 的可能是没有任何一个人会丧命，但是有 2/3 的可能是 600 个人全部丧命。

给你一分钟来考虑，你该如何面对这两幅场景（真实参加实验的人可没有这么多思考时间）。你应该能注意到：这两个供选择的问题实际上是相同的。比如，方案 A 和方案 C 描述的就是同样的结果：能够挽救 200 个人的生命，但是会有 400 个人丧命。方案 B 和方案 D 也同样如此，描述的都是：有 1/3 的可能是所有人都能得救，或者换句话说，有 2/3 的可能是没有任何一个人得救。

如果人们选择方案 A，那么他就应该也去选择方案 C，因为两种选择带来的结果是一样的。但是，真实的选择情况却并非如此。在第一组受试者中，结果是用多少人能够被救来衡量的，有 72% 的人选择了方案 A。但是在第二组受试者中，结果被界定为用多少人会因此丧命这种推测的方式来衡量的，所以 78% 的人选了方案 D。①

牢牢把握自己能确定的事情

卡尼曼和特沃斯基的发现指明了人们在决策过程中的某些一贯模式。当预期会面临损失的时候，人们就倾向于去冒险。比如，在前面

① 在其他实验中也得到了相似的结论。比如在另外一个实验中，研究人员要求人们在癌症的两种治疗方案之间做选择：手术和化疗。一些人得到的信息是用存活率来衡量的，这些人就更倾向于选择采用手术的方式；另外一些人得到的信息是用死亡率来衡量的，他们当中就有更大比重的人选择化疗的方式。无论是实验参与者自身所受的医学教育，还是他们对这类事情的自身经验，对于他们如何做出选择都没有什么影响。这个实验在普通院校的大学生、医学院的学生和医生之中测试的结果是一致的。

关于传染病的例子中，当结果是用死亡多少人衡量时，我们在做选择时就会倾向于那个冒险的选项，期盼有更多希望救活所有的人。但是当考虑能够得到多少的时候，我们就会变得保守起来，只想牢牢把握住自己能够确定的事情。

这种选择模式似乎来自人类对风险的认知方式。

“分析风险的机制有两种，一种是自发的、本能的机制；另外一种是更为深思熟虑的机制。”俄勒冈大学心理学教授保罗·斯洛维克说，“人们对风险的认知主要是凭感觉，因此，人们大部分时间都是在按照以上两种机制中的第一种在运作。”

就像我们将在后文中看到的，第一种认知方式对理解人们在金钱问题上的某些决定而言意义重大。它还有助于解释（在一些不是那么明显的问题上）人们所做的某些怯懦的决定——比如在橄榄球赛场上。戴维·罗默是加利福尼亚大学伯克利分校的政治经济学教授，他的一项研究就用一种很巧妙的方式把这个问题展示了出来。罗默研究的核心问题是每一位美式橄榄球教练在布置第四档进攻的时候会碰到的，这是一个两难的选择：在这个关键时刻，到底是应该采取冒险的方式争取新的第一档的进攻呢，还是应该稳妥一些，将球踢远（弃踢），采取守势？①

---

① 在橄榄球比赛中，进攻方（持球方）在进攻时，有 4 次进攻的机会，每一次机会称为一“档”（down），在每次进攻时，进攻方会尝试向前推进，防守方会阻挡。在第四档中，进攻方面临一个选择，如果他们能向前推进 100 码（1 码约为 0.9 米），就可以再次赢得 4 次进攻机会；如果不能，他们的球就会被截断，由防守方反攻。因此，较为保守的球队会在这里放弃争取新一轮的 4 次进攻，把球踢向对方后场（弃踢），对方接球开始进攻，自己转而防守。在橄榄球赛中，每向前推进一码都很困难，因为持球队员会面临对方的围追堵截，如果在第四档进攻中很快丢球，可能会给对方造成反击的机会。因此这时存在一种收益和风险的权衡。——译者注

罗默收集了美国职业橄榄球大联盟 700 多场比赛的资料，然后开始处理这些数据。在这个过程中，他根据比赛场上的一些具体情况对自己的研究进行了部分调整。比如，为了避免出现一支球队完全领先，或者是接近中场休息时会出现的一些特殊情况，他把自己的分析都只集中在 4 节比赛中的第一节比赛上。

数据处理完毕后，罗默发现，无论是多么强悍的教练，在真正做战略部署的时候，都是非常保守的。尤其需要注意的是，在美国职业橄榄球大联盟比赛中，球队在进行第四次进攻时，如果球队“全力一搏”，结果会更好的情况出现的比例是 40%。但是，教练在进攻时发出要球队“全力一搏”指令的情形，实际上则要低得多——只有 13%。

这个数字本身就很让人着迷。但是，罗默的结论中最有意思的，并不是这些教练方面的资料。和大多数学术性研究的对象不同，橄榄球教练不是没有经验的业余爱好者，可以在球场上下些小的赌注，他们都是拿着高薪的专业人员（平均年薪是 300 万美元），他们的工作就是研究如何做出准确的决定，他们能否保住工作就取决于此（职业橄榄球教练每年的更换率为 20%）。不仅如此，教练还有足够多的机会从自己所犯的错误中总结经验，而且当一个教练在一次第四档进攻中做出了错误的部署后，他还可以在后面的比赛中尽力挽回。除了这些，他们还能及时得到其他

在美国职业橄榄球大联盟比赛中，球队在进行第四次进攻时，如果球队“全力一搏”，结果会更好的情况出现的比例是 40%。但是，教练在进攻时发出要球队“全力一搏”指令的情形，实际上要低得多——只有 13%。

教练在相同的位置做出的战术安排的信息。

除了以上这些，罗默还发现，这些教练所做的决定都表现出一种系统化的、明确的偏向——最终都影响了球队的表现。罗默的分析都集中在第一节比赛的第四档进攻上，没有研究比赛其他部分的第四档进攻。因此，这种影响的程度到底有多大，还需要更多的材料才能得出准确的推断。但是就整体而言，罗默的估计是，在第四档进攻中更多地让队员全力以赴进攻的决策，在每 3 季的比赛中会增加一次赢球的机会。这并不是非常明显的影响，但是在高度竞争的职业橄榄球比赛中，这已经不能说是无足轻重的影响了。

显然，罗默的研究有着更为广泛的意义。拿着高额年薪的职业人士在做决策时都会犯这么明显的系统性错误，更何况你我这样的普通人。我们是不是也会犯同样的错误呢？

问题界定与金钱

回答这个问题的方法之一就是，看看我们在面对投资的选择时是怎么做的。就像橄榄球教练在面对第四档进攻时的情况一样，我们大多数人不会先拿出计算器，然后用数学的方法来衡量各种风险抉择。我们依靠的就是保罗·斯洛维克说的第一种方式——我们只是想知道，这项投资的风险看上去有多大。这种估计经常出于我们对这项投资回报的界定方式。

有这样一个生活中的实际案例，让我们一起来考虑一下。1997 年 11 月 27 日，《自然》杂志刊登了一篇关于“内皮抑素”的研究文章，说有关实验得出了一种积极有效的结果。内皮抑素是一种潜在的抗癌药物，是由马里兰州罗克维尔一家名为 EntreMed 的小型生物医药公司研发出来的。就在同一天,《纽约时报》也刊登了一篇关于这种新药的文章，这篇文章出现在当天报纸的 A28 版。在随后的 5 个多月里，一切风平浪静。直到 1998 年 5 月 3 日这个星期天,《泰晤士报》的头版发表了标题为《专题报道——实验室里的希望：一种令人惊奇的新药，它可以彻底清除老鼠的肿瘤》的文章，对 EntreMed 公司和内皮抑素这种药物做了比较正面的评价。

需要向大家说明的，也是很重要的一点是，关于这种药物的信息并没有改变。与原来的两篇报道相比,《泰晤士报》在星期天刊出的那篇文章没有关于 EntreMed 公司新药的任何最新的消息。唯一发生变化的一点就是: 文章的位置，从《纽约时报》的 A28 版移到了《泰晤士报》的周日头版。

投资者们的反应与奥科诺瓦克市那位勇敢的“剑客”并没有什么不同，他们也是提剑在手，猛扑上楼，而折腾下来的结果不外乎是灰头土脸、垂头丧气。《泰晤士报》刊出该文后的第二天一早，EntreMed 公司的股票在头两分钟的交易中就猛增了 6 倍之多。到当天交易结束时，公司的股票价格依然维持在 330% 的增长幅度，这样的增幅是自 1963 年以来任何一只股票都没有出现过的单日最高涨幅。然而，这种高亢的劲头并没能维持多久。其他实验室在重复 1997 年 11 月研究人员所做的实验时没能取得成功，EntreMed 公司的股价迅速下跌。到 2008 年 10 月，这家公司的股票已经跌至每股 34 美分——这个价格是从《泰晤士报》刊出那篇文章后第二天出现的最高点 85 美元一路跌落下来的。

时间如何影响决策

当我们在界定问题时，我们实际上受到了许多因素的影响。其中一个最不为人知的因素就是时间，尤其是决策的后果要在很久之后才能显现时，我们就更倾向于大胆冒险；但如果后果马上就会出现，我们就倾向于选择更保守的策略。一个很好的例子就是孕妇分娩。在决定是否使用麻醉药物的时候，分娩妇女的选择会随着时间的变化出现不同。在分娩的痛苦真正到来之前，许多妇女都不愿意使用麻醉药物，但是在分娩的过程中，她们则更倾向于使用它。紧接着，在孩子降生一个月之后，她们再一次表现出不愿意使用麻醉药物的倾向。

有证据显示，时间这个限制变量会通过许多途径影响人们的决策。比如，在 2001 年“9·11”恐怖袭击事件发生之后，许多美国人心中决策的时间范围变短了，尤其是生活在纽约这样的大都市里的人们，他们越来越多地奉行一种“今朝有酒今朝醉”的态度。一些需要长期努力才能获得收益的活动，比如减肥、健身之类的活动，在人们心中的重要性都大大地下降了，更多的人要的是此时此刻对自己更好一些。结果之一就是，像减肥瘦身公司 Jenny Craig 在报道中所说的，出现了“大规模取消减肥计划的浪潮”。

> 那些租马上要看的片子的人，相对会选择一些娱乐性更强的影片；而那些租片准备以后再看的人，则会选择看上去品位更高的影片。

时间因素甚至会影响我们对食物、服饰，以及电影的选择。在一项实验中，人们被分为两组，分别按照要求去租 3 部影片。其中一组人租的片子是为以后准备的（也就是将来再看），另外一组选择的片子是现在马上要看的。结果怎么样呢？选择租片以后再看的那组倾向于挑选体现个人素养的文艺片，如《钢琴课》；而租片现在就看的那组人，倾向于选择看上去娱乐性更强的电影，如由哈里森·福特主演的动作片《燃眉追击》。

研究人员发现，相同的效应也出现在办公室上班族选择零食的时候。如果有两种选择——水果和垃圾快餐，以及两个时间：1. 在下午他们可能很饿的时候送到；2. 在他们刚吃饱午饭不久之后送达。对此，人们的选择情况又是如何呢？研究人员发现，这些员工都会把自己当下的饥饿水平投射到将来的选择上。在“饥饿”的一组中，有 78% 的人选择了不健康的垃圾快餐；而在“吃饱”的那一组中，只有 42% 的人做了同样的选择。也就是说，当需要马上有食物摆在桌面上以供果腹的时候，他们更多地会选择垃圾快餐，这和租完电影马上要看的那组会选择一些垃圾片是一个道理；但是在吃饱了可以安心等待之后，这些上班族就会选择更为健康的食物，这和租完电影等以后再看的那些人会挑选体现人文素养的文艺片是一个道理。

在人们购买衣服的时候，也会发生类似的情况。当气温下降的时候，冬季穿的厚衣服的订单会增加，不过就像你可能想到的，退货率也会随之上升。为什么会这样呢？因为一听说有寒潮来袭，人们就会高估自己需要穿着厚衣服的情况。这样一来，最后的结果可能就是退货。正如密歇根州立大学的迈克·柯林教授所说的，买衣服时出现的这种情况其实就相当于一个人在饥肠辘辘的时候到餐馆里点菜——难免会眼大胃小，点得过多。

柯林及其同事曾对一家大型户外运动装备公司的订单进行了仔细的研究。他们研究了该公司在连续 5 年内，大约 1 200 万个商品及其订单的情况。这些资料不仅包括买主的邮政编码、订单的日期，而且包括所购物品是否出现过退货的情况。接下来，他们把这些销售资料和美国 4.1 万个邮政编码所代表的地区的天气记录进行比对。他们发现，在下订单当天，如果气温从 4℃骤降到 -1℃，寒冷天气穿的衣服的退货率会增加将近 4%。并不是所有货物的退货率都一样，价格昂贵的东西，比如防寒服和外套的退货率是帽子和连指手套的将近两倍。但是就总体状况来说，退货率的增加平均是在 4% 左右。这个数字看上去并不是很大，但你要知道，服装订单在美国可是一笔很大的生意，年销售额超过 1 250 亿美元，即使退货率有细微的变化，都会对商家的经济利益带来巨大冲击。

> 当气温下降的时候，冬季服装的订单会增加，不过就像你可能想到的，退货率也会随之上升。为什么会这样呢？因为一旦有寒潮来袭，人们就会高估自己需要穿着厚衣服的情况。

美带来的升值

许多公司现在已经意识到，这类微小的因素对消费者做出决策存在着重要影响。比如，南非一家银行就和哈佛大学经济学教授塞德希尔·穆来纳森合作开展了一项研究。像其他银行一样，这家银行也希望能多做些贷款业务。问题是该怎么做呢？常见的途径就是降低贷款的利率，以此来刺激贷款需求，但这并不是以下要发生在这家银行的事情。

这家银行采用了另外一套方案，它给 50 000 多名曾经在银行贷款的客户发邮件，一开头就是一句："恭喜您！"然后告诉这些客户，他们现在符合条件可以在银行得到一笔现金贷款，这种现金贷款的额度很小，而且是短期的，有点儿像美国的工资日贷款。[①] 按照美国的标准，这类贷款的利率是很高的——每月的利率大约在 7.75%～11.75% 之间——尽管这个利率在南非的贷款市场上并不算什么。此外，这种贷款的额度一般只有 150 美元左右。

银行发出的邮件内容在许多方面是随机的。这些邮件由穆来纳森教授及其同事用来衡量邮件中涉及的心理因素相比于严格的经济因素（如利率）的影响到底如何。例如，有的客户收到的邮件说，银行会给他提供更低的贷款利率，其他客户的利率则要高一些；有的客户收到的邮件说，他们得到了一次抽奖机会，奖品中包含一部手机。但是，这些邮件最有趣的一点（至少对我们来说）在于右下角部位，这个部位贴有一位银行员工的照片，照片上工作人员的种族、性别都各不相同。

一张女性的照片可以提高男性顾客的贷款需求，增加的幅度相当于利率降低 5 个百分点时贷款需求增加的幅度！

“我们得到了一个让人震惊的发现，”穆来纳森说，“一张女性的照片可以提高男性顾客的贷款需求，增加的幅度相当于利率降低 5 个百分点时贷款需求增长的幅度！”[②]

① 工资日贷款（payday loan）是一种小额短期贷款，以便贷款人在下一次发薪之前临时急用。这种贷款的额度通常在 100～1 500 美元之间，还款期限是两周，年利率在 390%～780%。这种贷款往往是那些拥有不良信用记录的消费者唯一的贷款来源，因为他们一般无法得到银行贷款、信用卡或其他方式的低息贷款。工资日贷款在美国很普及，这与美国人的消费习惯有关。——译者注

② 这种效果是如此强烈，以至于在 2007 年 9 月，尼日利亚议会宣布，银行必须停止让漂亮的女性雇员去说服顾客开设新账户的做法。

对于那些愤世嫉俗的人来说，这可能算不上什么意外，尤其是我们在前面的章节已有所了解，我们的大脑会将美丽的事物同其他因素联系起来，但是，对于银行来说，这样的发现却意味着一笔飞来横财。在那些数额不大的高息贷款者身上，不必增加任何多余的风险，银行就可以多赚取 5 个百分点的利息，这绝对是一个难得的机会！

在南非得出的这一结论，在多大程度上可以运用在其他国家和地区呢？

"这个问题还无法确定。"该项研究的一位合作参与者、芝加哥大学商学院研究生院的玛丽安·波特兰教授说，研究的确只涉及南非人，但是，同样性质的对人类心理进行操控的效果，以前在美国也有过类似的记载。因此，她认为，在南非当地出现的现象，在美国也应该是合理的。

基准数字与心理操纵

在各种类型的心理操纵中，有一种和我们所称的"基准"效果有着密切的关系。许多研究都表明，当面临一个需要抉择的问题时，人们会把自己的反应与一个基准数字紧紧地联系起来，即使这个数字并不是合乎情理的，尤其是在它被最先给定的情况下。你如果想亲自测试一下，很简单，让几个朋友把他们电话号码的前 3 位写下来，然后，让他们估计一下成吉思汗是在什么时候去世的。研究人员做这个实验的时候，经常会把问题做很多种变换，比如让人们估计尼罗河的长度，或者是圣路易斯拱门的高度。而这一实验中反复出现的结果就是，最先写出的电话号码的前 3 位数字与随后的答案之间存在非常明显的联系。在回答成吉思汗的去世时间时，人们经常会猜测成吉思汗生活在公元某某某年（有着 3 位数的年份）。事实上，这位可汗死亡的年份，是在公元一千多年，这个年份有 4 位数（即 1227 年）。

当然，如果你提前知道有这种错误倾向，你可能会想办法修正它。不过，正如问题界定的效应一样（还记得音乐和葡萄酒销量的那个例子吗），基准数字的影响也不是能轻易识别或看到的。比如，我们常常无法认识到，很多信息，比如商品的价格，都是通过这种方式让我们把决定“调准”在其上的——每次购物的时候，我们都会受到这种影响。

薇琪 · 麦克拉肯在印第安纳州南部地区长大，她记得很清楚的一件事就是，母亲经常去杂货店。

“我们没有多少钱，”她告诉我，“所以我母亲经常会仔细考虑要买的那些东西的价格。”

多年之后，作为普渡大学的一名研究生，麦克拉肯依然对那些价格非常好奇。那些和她母亲一样的消费者在出门买东西之前，如果手里有一张各家商店的商品价格目录的话，情况会怎么样呢？他们会改变自己的购物地点或购物种类吗？这些都是值得思考的问题，所以美国农业部特别为她发放了一笔资金来助其进行调查。

麦克拉肯和普渡大学的同事们分别在 4 个州的 4 个不同城市设计了一项针对杂货店的简单但深入的调查。在每个城市，他们都会雇用一些价格信息员，这些信息员的工作就是到当地的商店将一些常见商品的价格全都记录下来。接下来的每个星期，麦克拉肯和她的同事会把这些商品的价格发布在当地的一家报纸上。他们公布的并不是一个总体的价格，而是每一种商品的单独价格，例如一罐福杰斯咖啡的价格。这份价格目录迅速得到了反响，但并不是麦克拉肯期待的那样。

“我们得到的反应是对我们的人身攻击。”她说。有几家商店都禁止价格信息员入内。一家店主甚至威胁道，如果麦克拉肯不停止公布那些价格信息，他就要自杀。

麦克拉肯评论道："他的价格比其他商店高很多。"

但是，麦克拉肯没有退缩，她坚持了下来。不过，这次价格信息员们手里拿的不再是有纸夹的笔记本（这对那些防范心很强的店主来说太过明显了），她让这些人去购买需要调查价格的那些具体商品。（麦克拉肯的调查组也不再调查和报道那家价格极高，店主还声称要自杀的商店了。）

这项研究持续了一年才结束。毫不奇怪的是，研究人员发现，一旦价格目录开始出现在当地的报纸上，许多价格过高的杂货店就会降价，一直降至和那些低价格的竞争者大致相当的程度。

然而，这并不是调查所要揭示的真正要点。

实际上麦克拉肯雇用的那些价格信息员，不仅仅记录他们公布的商品的价格，还记录和跟踪其他商品的价格，只不过没有公布而已。比如，他们除了记录一罐福杰斯咖啡售价多少，还记录一罐麦斯威尔咖啡售价多少，只是并不公布后者。这种记录跟踪价格的方法揭示了零售行业的一些潜规则，或者一些不为外人所知的行业秘密。

"在这些杂货店降低报纸上公布的那些商品的价格的同时，他们偷偷地提高了那些没有被公布的商品的价格。"麦克拉肯告诉我。

如此一来，当福杰斯咖啡价格降低的时候，麦斯威尔咖啡的价格却上升了。她说，这种方式足以抵消降低部分商品价格所带来的影响。

> 经销商期待顾客会把注意力基准集中到业已公布的那些低价商品上，然后都来他们的商店买东西。但是顾客们并没有意识到商店里其他商品的价格比周边商店的价格更高。

当然，大多数消费者根本没有注意到这一点。但这正是问题的关键所在。杂货店的经营者期待顾客把注意力的基准集中到业已公布的那些低价商品上，然后纷纷来他们的商店抢购。但是顾客并没有意识到，商店里其他商品的价格却更高了。

类似的让消费者调定基准的情况还出现在大多数杂货店的货架上。商店希望促销（又有哪一家商店不希望这样呢），并且经常会使用一种被称为“多单位定价”的技巧。这就是为什么你会看到桃子罐头的价格是“2 美元 4 罐”，而不是“每罐 50 美分”。从逻辑上讲，这两种标价方法并无不同（就像卡尼曼和特沃斯基实验中的那样，能够救活的人数与会死去的人数代表的情况是相同的，只是措辞有所不同而已），但效果却有很大的差异。

在这种标价方式中，数字 4 实际上充当了一个你做决定的基准。购物者看到这个数字，并且在没有意识到的情况下，就会以 4 罐为单位去购买。让人吃惊的是，这种影响是非常强大的。有一项实地调查，对 86 家不同杂货店的购物情况进行了比较。调查显示，这种多单位定价策略相比单个单位标价的策略，前者会使销售额提高 32%。

杂货店还经常采用另外一种方式来调整你的购物基准。这就是购买数量限制，例如“每个消费者限购 12 盒”。在这里，数字 12 就充当了基准。研究人员也考察了这种限购方式对销售的影响，事实果真如此，这种方法的确奏效：商家设定的基准数字越高，促销的效果也就越明显。只有基准数字高到非常荒谬的时候——例如每人限购 50 盒——这种效果才会减弱。

> 数量限制——每个消费者限购 12 盒——会提高销售额。基准数量越高，销售额增加得也越多。

提供基准方式的关键就是最初的数字。人们处理信息的过程往往按照信息被提供的顺序进行。

在这个次序中，最佳位置就是第一条信息。在最初的民意调查中列在第一位的主要政党候选人，在实际选举结果中往往可以多获得 3 个百分点的选票。在谈判中，首先提出自己的要求会带来一个非常重要的优势，这是因为自己首先开出的条件会成为以后大家谈判协商的基准。从实证的角度来看，这一问题已经于 2001 年首次得到确切的证实。美国和德国的研究人员发现，任何一方——无论是买方还是卖方——只要先提出自己的条件，他在协商中就会获得更好的谈判结果。

> 在最初的民意调查中列在第一位的主要政党候选人，在实际选举结果中往往可以多获得 3 个百分点的选票。

房产标价的秘密

我们大多数人一生中都会经历一次非常重要的“商业谈判”，即购买住房。在这次谈判中，以上规律同样会奏效。美国人在购买房产时，一般不是按照批发的方式（例如 4 处住房 200 万美元），美国房地产的销售方也很少给购房者以数量限制（如每人限购 12 套）。但是，我们最终的成交价格无论如何还是会受到最初价格的影响，那就是房产的标价。

> 房产的标价越高，人们对该处房产广告价格的估算也就越高。

有一个非常具有启迪意义的实验，就是让大学生和经验老到的房地产中介公司进行竞争。这个实验最终说明，房产的最初标价能够发挥巨大的力量。在实验中，竞争双方都要对亚利桑那州图森市的某些房产进行价格评估。为了帮助双方做出正确的判断，每一方都会拿到一份长达 10 页的房产资料。这些资料包含了人们在买房子的时候会考虑的具体而详细的问题：该区域房产近期的销售价格、目标房产的标价、每处房产提供的标准服务项目清单等。

接下来，两组队伍就开始进行选购。实验参与者可以在房子周围自由地转转，就像人们要买新房子时应有的举动一样。这个过程结束后，由房产中介人员组成的专业队和由大学生组成的业余队都会得到计算器，然后他们用它算出自己对这些房产的具体估价。在这些估计中，有一项是房产销售广告中的出售价。他们还会填写一份清单，来描述他们到底是如何得出那些具体数字的。

这个研究得出了一系列有趣的结论——如果你正想购买或出售住房，可能没有哪点会让你感觉欢欣鼓舞。第一，专业人士的估价和业余人员的估价不存在多大的差别。在给房产定出广告价格的时候，两组最后的估值相差都在几千美元之内，甚至有的只差几百美元。第二，两组的估计都受到房产标价的强烈影响。尽管他们拥有很多其他信息，两组估算的价格都围绕在同一个数字上下，也就是他们得到的房产的最初标价。房产的标价越高，他们对该处房产广告价格的估算也就越高。这有助于解释为什么房地产公司的标价经常定得那么高，有时甚至到了离谱的地步。标价就本质而言，就是谈判最初开出的条件，将来的讨价还价在很大程度上都是以这个价格为中心展开的。另外，就像你在前面看到的，谁最先开出条件，谁就会得到对自己更有利的结果。

第三，从某些角度来看，甚至连专业的房地产经销人员也被骗了。就像医生从医药公司收取好处费一样，房地产中介机构对自身存在的错误倾向根本无从察觉。他们认为自己对房产价值提供的是专业判断，不会受到任意设定标价的影响。然而实际上，他们确实被影响了。在实验即将结束时，有一个提问环节。在该环节中，房地产中介人员小组断然否认他们把房地产公司的标价作为参考价格，但是，当研究人员仔细地检查房地产中介人员小组所做估价的清单时，发现事实根本不是如此。①

上面的例子表明，想要摆脱这类心理操纵并不容易，这些都是非常有力的手段，在我们周围的环境中，从杂货店到投票站，都在发挥着作用。但是，记住以下几点应该会对你有所助益。

第一，要试着换一种方式来做考量。如果你要在市场上买一处房产，不要将房子的整体价格作为唯一的参考因素，而是试着考虑单位面积价格。（比如"我只出每平方米 200 美元的价格。"）

第二，先报价为强。当然，这种方式并非在所有的情况下都适用。假如房子已丧失赎回权（或者即将丧失），那么对借款人或房产的所有来说，你要先开出你可以接受的价格。在这种情况下，你就让自己进入了跑道的内圈，你的出价就成了将来谈判的一个基准。

第三，对"促销"商品要多加小心。这经常是商家（比如那些杂货店）设计好的，就是要让你把注意力集中到他们想让你注意的地方。不过你应该知道，最近的研究表明，许多没有在促销之列的商品，其价格都被调高了，上涨的额度足以抵消那些促销商品降价引起的利润损失。如果你想证实这到底是不是真的，你可以保存好自己的购物小票，再去做一下比较——或者采取一种更好的方式，直接到相关网站或手机应用上查一下。这类网站或应用会跟踪杂货店里成千上万种商品的价格——不仅是那些促销商品，还包括那些没有促销的。

① 据研究者所说，房地产中介人员究竟是不知道自己参考了标价，还是仅仅不愿意"让公众知道自己参考了公认的不恰当的信息"，这个问题还不清楚。类似的研究发现，政治专业人士不愿承认自己的错误，见泰特洛克的文章（Tetlock，1998）。

第7章

有些错误，新手反而不会犯

2007年，俄罗斯国家电视台罗西亚频道播放过一档名为《北极之旅》的新闻节目，在节目中，俄罗斯潜艇进入北冰洋宣示主权。各国政府都没有发现异常，只有一位来自芬兰的13岁小男孩发现那艘潜艇竟然是从电影大片《泰坦尼克号》中剪辑下来的。为什么一个未经世事的小孩能发现这则假报道，而专家们不能？

很少有行业在出了差错之后愿意主动承认，但有一个行业却愿意这样，甚至每天都在承认自己所犯的错误——报业。对别人犯错感兴趣的人来说，报纸的勘误栏经常是他们读起来觉得津津有味的部分。这件事实在是太有趣了，以至于蒙特利尔的一位专栏作家克雷格·希尔弗曼还特意为此做了一个网站。每年，希尔弗曼都要编辑这个行业里出现的最重大的笑话，并把它们编入一本与网站同名的书中出版。对我来说，要从其中挑选一个最喜欢的并不容易，之所以会这样，和我近些年来也一直在收集类似的错误有关。尽管如此，我还是想要和大家分享一个从我曾供职的《华尔街日报》上挑出来的错误。勘误文章是这样写的。

“上周一的头版有一篇文章，描写一些在英国比赛中骑着独轮车（unicycles）的小丑。原文错误地把他们说成了骑着‘独角兽’（unicorns）的小丑。”

独角兽并不存在，而独轮车是存在的。你可能会问，怎么会出现这样的错误呢？

为什么头条往往最受关注

对于这种错误，我们可以很轻易地将其归结为写作者的疏忽大意。但是，造成这种情况的原因通常更为复杂。人们在读报纸的时候，肯定不是一个单词接一个单词、一个句子接一个句子地读。我们都读过很多东西，大脑因而能够识别行文的模式。如果一个句子的开头是：“这个男人干渴难当，他舔了舔自己的……”我们自然会知道，接下来的一个单词应该就是“嘴唇”。

与此类似，如果看到一个单词的开头是“th”，我们很可能会推测出它的后一个字母是“e”，尤其是从上下文看适合使用“the”这个定冠词的时候。实际情况也确实如此，有实验表明，我们就是这么做的。在一个实验中，受试者被要求读一段文字，然后要把看到的所有字母“e”都标出来。结果显示，在单词中越是靠后出现的“e”，越有可能被忽略。不仅如此，在单词“the”中出现的字母“e”最容易被遗漏——有 32% 的可能性会被遗漏。

这类错误出现的情况真是太普遍了，为此它们还有一个专门的名称，叫作“校对失误”。就像我们在下文中会看到的那样，这种单调乏味的错误还揭示了人类在认知过程中一个有趣的倾向。人类的认知是节约导向的，在注意一些事情的同时会忽略其他一些事情。这意味着我们的注意力并不像我们想象的那样是平均分配的。实际上，我们会将大部分注意力集中在一个单词的前半部分（例如，独轮车与独角兽），我们在这个区域能得出很多后续信息的线索。有趣的是，投资者似乎也是如此，他们更关注一周中最初发布的财经新闻，而对星期五发布的新闻则不大留意，或心不在焉。

> 投资者会更为关注一周当中最早发布的财经新闻。

确实，我们经常能看到这种倾向，这说明我们的大脑存在另一种（与经济原则关系密切的）认知倾向，那就是我们会忽略某些信息。我们越是擅长某件事，就越倾向于在那件事情上走马观花。人们不仅在阅读的时候如此，对于其他事情也是一样，例如演奏音乐。视谱能力是一种在没有提前练习的情况下，第一次读谱就能流畅地演奏出曲谱的能力。好的视谱演奏

> 我们越是擅长某件事，就越倾向于在那件事情上走马观花。

者不需要一个音符一个音符地看谱子，他们眼睛一扫就能在谱子上找到熟悉的演奏方法，或是捕捉到那类演奏方法的线索。实际上就是这样，视奏能力强的演奏者的大脑在读谱时可以一下子把好几个音符作为一个认知单元。打个比方，他们就像是在看星座，而不是看单独的星星。这就是为什么他们可以快速、流畅地演奏乐谱，而其他的演奏者则需要经过练习才能做到。

只有新手才能捕捉到的错误

这种能力的获得并非没有代价：由于许多细节都容易被忽略，视奏的准确率因此下降了。几十年前，这一代价被一位著名的钢琴教师兼视奏家鲍里斯·戈尔多夫斯基（Boris Goldovsky）记录了下来。[①] 有一天，他发现，他经常使用的《勃拉姆斯随想曲》的曲谱有一处印刷错误，但是，这个错误一直没有被发现，直到一位水平较差的学生在课上按着谱子演奏的时候才被找了出来。

当时，戈尔多夫斯基让那个学生停止演奏，并告诉她改正演奏错误。而那个学生看起来很迷惑，她说自己就是按着原谱演奏的。让戈尔多夫斯基感到奇怪的是，这个女孩确实是按照原谱进行演奏的，只是原谱上有一个非常明显的印刷错误。刚开始的时候，他和学生都觉得，这个印刷错误只出现在他们使用的那个版本的谱子中，但是他们通过进一步的检查发现，在所有其他版本的谱子中，那个音符都是错的。

---

① 1943—1990 年，戈尔多夫斯基在每周六的下午为电台播放的《大都会歌剧院》节目做评论。对于一般公众来说，他就是因为这个节目而为人熟知的。戈尔多夫斯基于 2001 年去世，终年 92 岁。

戈尔多夫斯基觉得很奇怪，为什么那么多人——作曲家、出版商、校对者，还有钢琴演奏家——都没有留意到这个错误呢？他们都读错了这段音乐，而且都是用同样的方式读错的：自动推断那个音符上面有一个升号，因为按照乐曲的进行，在这个地方必须是#G 音而不可能是自然音 G。

在一个初学者眼里这么明显的问题，那么多的专家怎么可能注意不到呢？戈尔多夫斯基为此百思不得其解。于是，他决定做一个实验。他告诉一些经验丰富的视奏者，这部作品的某个段落有一个印刷错误，让他们找这个错误的具体位置。他告诉这些人，只要愿意，想演奏多少遍就演奏多少遍，想怎么演奏就怎么演奏，只要能找到那个印刷错误就行。但没有一位音乐家能发现那处错误。只有当他告诉那些人这个错误具体出现在哪个小节、哪一拍的时候，他们才能找到。[音乐爱好者们可以自己去找一下，勃拉姆斯《8 首钢琴小品》（作品 76 号）中的第 2 部，错误音符出现在第 78 小节。]

一个“泰坦尼克式”的重大失误

放眼望去，我们的生活中充满着类似戈尔多夫斯基发现的这种错误：被专家们忽视了的问题，却能被初学者注意到。2008 年 4 月，一个 13 岁的在校男生就纠正了美国国家航空航天局（NASA）关于小行星撞击地球的可能性的预测。几周之前，一个来自密歇根州的五年级男孩在史密森尼学会的航天展上发现了 27 年来一直没有被发现的错误。在那之前，在 2007 年，就有另外一处错误被指了出来，那一次站出来的是一位来自芬兰的 13 岁小男孩。俄罗斯国家电视台罗西亚频道（Rossiya）播放过一档新闻节目，在节目中，俄罗斯潜艇驶入北冰洋，节目还配以现场画面来对这个事件进行报道。该画面通过路透社被各个新闻电视台转播到了世界各地，谁都没发现有什么问题。但是一个名叫沃尔特里 · 瑟里汀的 13 岁小男孩却觉察到了不对劲儿的地方。他觉得那个电视画面看上去令人生疑——那艘潜艇太眼熟了。他的怀疑是正确的：该画面竟然是从莱昂纳多 · 迪卡普里奥和凯特 · 温丝莱特主演的电影大片《泰坦尼克号》中剪辑下来的。

沃尔特里告诉前去采访的芬兰记者："我用我的电影光盘检查了一下那个画面，就是它，它就出现在这部电影的开始部分。"

错一次就容易错两次

自戈尔多夫斯基的发现之后，人们开始了对这一问题的研究。一位国际知名的音乐心理学专家约翰 · 斯洛波达做了这样一项实验。他故意在一张活页曲谱上给一段音乐的音符做了很多变动，然后让一些资深的音乐家来演奏曲谱上的乐曲。不是演奏一次，而是演奏两次。在音乐家们第一次演奏这段音乐时，斯洛波达发现，有 38% 变动过的音符没能被发现。

真正有趣的事情出现在第二次演奏这段音乐的时候。在这一次演奏中，被忽略的错误数量不但没有降下来，反而上升了！这表明，在第一遍演奏完之后，音乐家们对这段音乐已经比较熟悉了；在演奏第二遍的时候，他们已经没有必要再去一个音符一个音符地看谱了，而是根据乐曲的曲式结构演奏。简言之，第二次演奏时他们是一目十行、走马观花地看谱。

这种倾向对理解我们为什么会犯这类错误具有重要的意义：对一件事情越是熟悉，我们就越倾向于不加注意。我们看到的这件事情已不再是它们本来的样子，而是（我们假定）它“应该”呈现的那个样子。这种植根于我们内心的倾向不仅会让我们忽视一些小事，还会让我们忽视一些触目惊心的大事。

> 对一件事情越是熟悉，我们就越倾向于不加注意。我们看到的这件事情已不再是它们本来的样子，而是（我们假定）它“应该”呈现的那个样子。

有这样一个案例，发生在2005 年万圣节前的一段时间，地点在美国东部特拉华州一个名叫弗雷德里卡的小镇。镇上的一位妇女自杀了，吊死在一棵树上。她的尸体长时间吊在邻居和行人很容易就能看到的地方。但这件事竟然在 12 个小时之内一直没有被人发现。事发前一天晚上 9 点左右，这位 42 岁的妇女径自爬上一棵树，用一根绳子上吊自杀了，事发现场的马路对面就是一片比较热闹的住宅区。当然，事发时天已经黑了，但是第二天天一亮，她的尸体就很显眼地悬挂在离地面 15 英尺高的地方，很容易被路过的车辆和行人发现。没有一个人就此报警，直到将近中午 11 点——这时已经差不多是这名妇女自杀 14 个小时之后了。

该镇镇长的妻子解释说：“人们觉得那可能是万圣节的一个装饰吧。”当警察到来的时候，她就站在马路对面的人群中间。

情境的重要性

尽管那是个令人悲伤的例子，但它依然表明我们对日常事件的观察有多么依赖事件出现的情境。情境在这里就像一根神奇的拐杖，人们对它的依赖程度大大超出我们的想象。一些事件如果发生在万圣节期间，我们就会假定（可能根本就是不假思索地认为）它和万圣节有关系。大多数时候，事实也的确如此。但有的时候，事情真的和这种情境没有关系。在这种情况下，我们在很大程度上就会忽略这件事情。在前面的案例中，邻居们迟迟未发现异常，就说明他们犯了这样的错误。

在特定情境下，我们经常很难注意到与该情境无关的人或事。辨认与情境无关的人的面孔就更难了。对于你见过的某个人，你就是无法想起对方是谁，你肯定碰到过这种情况吧？是干洗店的服务员吗？是你在孩子的空手道班上碰到过的一个家长吗？除非你能想起与这个人相关的场景，否则你总是无法想起这个人到底是谁，这时，你缺少的就是那个特定的情境。

对于我们看到的事情是这样（就像前文中挂在树上的那具尸体），对于我们读到的文字也同样如此。乍看上去，没有比阅读更简单的事情了吧：书上的一字一句，白纸黑字，清清楚楚。但是，真正要理解一些段落的意思，情境或者上下文还真是不可缺少的。不信，你就来看看下面这段话。

> 这个程序确实是非常简单的。先把不同的物件按照材质归类。当然，你也可以把所有的都堆成一堆，这取决于你到底有多少东西需要处理。如果因为需要准备所需的工具，你必须离开一会儿的话，这就是你下一步要做的；如果不需要，一切就算准备就绪了。不要把任何事做得过头了，这一点也很重要。这就是说，宁可少做一些事，也不要想同时做太多的事。从短期看，这样做没有太大的意义，但要知道，同时做很多事很容易带来一些复杂情况。犯错的代价总是很高的。

> 恰当地操作机器应该是一件很自然就可以做到的事情，我们不需要在这个问题上费太多的口舌。起初，这个过程可能看起来有些复杂。不过，很快你就会变得轻车熟路。我们很难预见，这件事情在生活中不需要再做了，但是又有谁能真的说清楚呢。

老天，这段话到底是在说什么？

答案是：洗衣服。

现在你能看明白了，对吧？

这就是约翰·布兰德福特和玛西亚·约翰逊这两位研究人员发现的。他们把这段说明文字与其他一些类似的文字拿去给受试者阅读。然后问他们说明文字到底讲的是什么。他们发现，情境或者上下文对读者理解这类信息是非常关键的。如果没有情境的帮助，许多人都会被这个问题难倒，根本就弄不清楚这段文字到底说的是什么问题。尽管读者会试图弄清这段文字所适用的情境，但他们通常很难找到适合整个段落的情境。他们能使部分文字变得合理，但对于整段话说的具体问题却是一头雾水。如果提前告诉大家这段话讲的事情，大家自然就会觉得这段话非常自然、合理。我们在看报纸的时候，报纸上的文章总有显眼的标题并配上带有说明的图片，这样做的目的就是提供情境，让读者尽快知道这篇文章的内容是什么。

在公园散步如何提高记忆力

情境在帮助我们记忆的过程中是非常重要的。如果一些东西根本不是出现在合理的情境范围内，那么它们不仅很难被注意到，而且很难被记住。但是，如果突出某件事情发生的情境，我们对这件事情的记忆就会加深。在十几年前的一个实验中，人们把一些学龄前儿童带到一个公园里散步。这个实验看上去很简单，但它确实清楚地展示了情境在记忆中的重要作用。在散步后的第二天，研究人员问孩子们昨天散步的时候都看到了什么。如果孩子们是安安静静地坐在一个屋子里面回答这个问题，那么，他们能够回忆出来的东西就少得可怜。但是，如果把孩子们重新带回公园，他们就会对上次来到这里时看到的东西和做过的事情，回忆得更清楚。

如果把孩子们重新带回公园，他们就会对上次来到这里时看到的东西和做过的事情，回忆得更清楚。

成年人也有同样的倾向。40 多年前，英国进行过一项非常著名的实验。研究人员让受试者记住一串单词。一些受试者记单词的时候站在地面上，另外一些人则是在水里。(这并非没有任何风险，那些在水下接受测试的人都要戴上“自携式水下呼吸器”，还有一名受试者差点儿被一辆水陆两栖的军用车撞到。) 接着，研究人员测试两组人记忆单词的情况。

他们发现，那些在水下记单词的人，在水下环境中能够回忆得更好；那些在地面上记单词的人，在陆地环境中回忆得更好。在地面上记单词的人，如果还是处在干燥的地面上回忆，平均能回忆出 13.5 个单词；但是当他们被放到水下环境去回忆时，他们平均只能记住 8.6 个单词。这种情况对于另外一组在水中记单词的人也是一样的。当他们还回到水下去回忆的话，平均能回忆起来的单词数量是 11.4 个；但如果让他们在干燥的地面上回忆，则他们平均只能回忆起 8.4 个。

欢乐的结局

以上这些发现还可以在更多的领域得到证明，不仅身体拥有情境，情感也具有其情境。一些在某种情绪情境下出现的东西，只有回到该情绪情境中才能被更好地回想起来。比如，欢乐的时光在我们很高兴的时候更容易被回忆起来。

在一个实验中，研究人员让受试者读一个故事，与此同时，通过催眠的暗示，让他们处于快乐或悲伤的状态。这个故事很简单：大学时代的两个年轻人相处得很好，他们经常一起打网球。其中一个名叫安德烈，他个性开朗，发生在他身上的事情也都很顺利；另外一个人名叫杰克，他生性悲观，发生他身上的事情很少顺利。被催眠的受试者读完这个故事后，研究人员问他们故事中的两个人谁是主角以及他们更认同哪个角色。研究人员发现，处于快乐状态的人会更认同故事中快乐的那个角色，认为那个人是故事的中心人物，故事中有更多情节是描写他的；而处于悲伤状态的读者会更认同故事中那个悲伤的角色，并认为故事中有更多的情节是描写他的。

这个实验得出的结论就是：情境是重要的。然而，情境在很多时候也有所不同：有时候它就是真实世界的一部分，就像我们在万圣节自杀事件的例子中看到的；有时候它就在我们的头脑中，比如上面这个关于情感状态的实验。

第8章

大脑偏爱简洁

我们的大脑总是习惯把复杂的事件简洁化。心理学家曾让巴黎居民画出自己心中的巴黎地图，结果，研究人员发现了一件令人震惊的事情：巴黎的居民总是会把流经这个城市“心脏”的塞纳河简单化——把它画成直线。

如果你在酒吧里想和坐在你旁边的人打个赌，我告诉你一个很好的主题：问问他加利福尼亚的圣迭戈和内华达州的里诺这两个城市的方位。大多数人都能回答正确：里诺在圣迭戈的北边。接着问他，里诺是在圣迭戈的东边还是西边。相信大多数人都会说里诺在圣迭戈的东边。实际上，不是这样的，它在圣迭戈的西边。（不信的话，你可以去看一下地图。）

为什么很多人会在这个问题上犯错呢？

出错的原因之一在于我们记忆地图的方式。当我说地图的时候，并不仅仅指在地图集里那样一页一页的地图。我说的地图，是指我们大脑中对周围世界形成的轮廓，比如我们住所周边的地形、附近大型超市的停车场或者是去钓鱼时常走的那条小径。我要说的问题是，我们对这些地图的记忆，实际上都包含着对真实地形的系统性扭曲。我们会把曲线认作直线，把不规则的形状看得更对称，甚至把不在一条线上的东西弄到一条线上去。简言之，我们会让地图的画面显得更加整洁。

> 在记忆地图时，我们实际上是在对它做系统性的歪曲。

很多年前，这种倾向就被著名的已故社会心理学家斯坦利·米尔格伦详细地表达了出来。米尔格伦做过很多调查，涉及的主题非常广泛。比如，对“遗失信件”问题的调查。（在这个实验中，人们会捡到被遗失在地上的一封还没有发出去的信。这个实验有意思的地方在于人们看到这封信后会有什么样的反应。）还有“小世界”问题（即著名的“六度分隔”理论[①])。但是，米尔格伦最为人们熟知的，是 20 世纪 60 年代初，他在耶鲁大学进行的“权威服从”系列实验。这个实验展示出人性中一些不是很值得推崇的倾向——对权威的盲目服从。在系列实验中，实验者找人扮演可怜的“受害者”，并诱导志愿者给他施加看似有害的“电击”。如果“受害者”回答问题有误，实验者就要求志愿者对隔壁的“受害者”进行惩罚，惩罚的方式就是电击。随着“受害者”回答错误次数的增加，志愿者被要求给“受害者”施加的电击强度会不断提升。在电击到达 120 伏电压的时候，“受害者”会大叫说电压太高了，他感觉非常痛苦；在电击到达 150 伏电压的时候，“受害者”会请求停止实验。电压继续升高，最后，隔壁的“受害者”不再发出任何声音。尽管志愿者可以随时终止对“受害者”的电击，但是实验显示，大多数人都没有让实验停下来。参加米尔格伦实验的人有 65%——无论是男性还是女性——都让实验一直持续到“受害者”“彻底沉默”，这样做的原因很简单：他们只是在按照一个权威人士的要求在做。

变直了的塞纳河

米尔格伦关于地图的实验展示出人类特性中另一个完全不同

① “六度分隔”理论也被称为“六度分割理论”或是“小世界理论”。20 世纪 60 年代，米尔格伦设计了一个连锁信件实验。他将一套信件随机发送给内布拉斯加州某一地区的 160 个人，信中附上一个波士顿股票经纪人的名字，并要求每个收信人将这封信寄给自己认为比较有希望能联系上那个股票经纪人的朋友，朋友收信后继续这样做。最终，大部分信件在经过五六次转寄后，都寄到了该股票经纪人手中。“六度分隔”的概念由此而来。这个实验体现了一个似乎很普遍的真理：在现代社会，所有成员都可能通过“六度空间”联系起来，绝对没有联系的 A 与 B 是不存在的。——译者注

（但无害）的方面。他的实验很简单，就是让巴黎市民画出自己印象中的巴黎地图。他和同事们收集了数百张这样的地图，其中有建筑师画的，也有屠夫画的；有年轻人画的，也有老年人画的；有受过高等教育的人画的，也有没有受过高等教育的人画的。这些地图——正如你能想到的——各式各样，千差万别。有一些地图忽略了巴黎很多著名的景点，例如埃菲尔铁塔和巴黎圣母院；还有一些地图却将很多非常不起眼的、只能单向行驶的街道都清楚地标了出来。但是，米尔格伦在仔细观察这些地图的时候，注意到一个令人震惊的细节：巴黎市民总是会把流经这个城市“心脏”的塞纳河画成直线。在被要求绘制地图的人中，有 92% 的人都没有画出塞纳河的弯曲程度。

这种倾向并非巴黎市民所独有。纽约的出租车司机在被要求画出本市的街道图的时候，也是这样做的——图中所有的街道都变直了。不仅如此，研究人员还发现，当人们画出自己记忆中某个区域的地图时，总会有数不清的错误伴随而至。比如，距离的长短会被全部弄错，短的路程会被拉长，长的路程会被缩短。当人们用一些地标来导航的时候，比如用自己家所在的位置，或者是附近一处有名的建筑，更有意思的事情就出现了：人们会认为，出发点到地标的距离小于从地标到出发点的距离。这在放大比例的一些情况中也同样会出现。比如，人们判断从朝鲜到中国的距离，要小于从中国到朝鲜的距离。

芭芭拉·特沃斯基研究人们这种扭曲地图的倾向已经有数十年，她曾经是斯坦福大学心理学教授。在一项研究中，她拿出两幅地图给学生们看，一幅是准确的地图，它正确地描述了南美洲和北美洲的相对位置（前者在后者的东南方）；另外一幅是经过改动的、不准确的地图，地图中北美洲的位置差不多是在南美洲的北面。大多数学生都选择了那幅不准确的地图，这表明，学生们头脑中的世界都是以简化的方式组织起来的。这类错误不仅仅出现在对美洲地图的记忆上，人们还会系统性地误判地球上一些区域的位置。比如，很多人都会错误地认为，从纬度上说，罗马是在费城的南边。

很多人认为罗马在费城以南，然而这是错误的。

在了解了特沃斯基的发现之后，我们很想知道，人们到底是怎么从A点到B点的。看起来，人类确实与其他动物有所不同，例如自然界中真正的探荒者——蜜蜂。就像其他昆虫一样，蜜蜂通过非常精准的方式来导航，它们能够追踪自己到底在哪个方向上飞出去了多远。(这是一种令人吃惊的绝技，为了找到蜜源，蜜蜂经常需要飞行超过6英里。) 当需要返回的时候，它们还能估计出返回蜂巢的最近路径：它们会飞直线。

大脑对信息的处理偏见

但是人类通常不会走直线。很多实验都表明，人类大脑对外界信息的处理方式是加工这些信息并使之形成一种结构。我们在夜间抬头看到的星空，在我们头脑中就是按照这种方式排列的。我们不是单独记忆星星各自所在的位置，而是把它们排列成有意义的形状来记忆的，比如星座，这样，我们在寻找某个星星的时候就更容易了。例如，要寻找北极星，只要找到小熊星座，再找到组成这个星座的北斗七星的勺柄尽头的那颗就是了。

对于地面上的东西，我们也会采取类似的策略。对于数目众多的城市，我们在记它们的具体位置时，会先把它们放到一个较大的地理范围内，比如州。接着，我们记住哪些城市属于哪个州，再使用州的位置来导引我们确定城市的具体位置。这些州实际上就起到了星座的作用，用来把那些城市组织成有用的记忆单位。

但是，这种方法会带来一些自身无法去除的系统性扭曲。这种扭曲和我们在本章开始时提到的在酒吧里面打赌的例子有关。我们大多数人都认为里诺在圣迭戈的东边，原因如下。

1. 圣迭戈地处加利福尼亚州，而加利福尼亚州在西海岸；
2. 里诺在内华达州，而内华达州在加利福尼亚州的东边；
3. 因此，里诺应该在圣迭戈的东边。

但是，事实并非如此。

如图 8–1，加利福尼亚州的南部实际上有很大一部分偏向了东面（注意两个城市的经度，圣迭戈在西经 117 度附近，而里诺在西经 119 度附近）。但是在记忆加利福尼亚州形状的时候，我们倾向于把它的形状简化，就像巴黎市民把塞纳河画成了直线那样。

把现实世界中一些不规则的特征在头脑中转化成更平滑、更对称的形状，是我们在处理外部世界信息时的一种很明显的倾向。不过，这种倾向绝不限于巴黎的河流和纽约的街道这类我们看得到的东西。对于我们读到或听到的东西，大脑在重新做处理的时候同样存在这种倾向。大脑倾向于将不便于记忆的细节从记忆中剪掉，那些不能和整个故事连贯一致的事实则倾向于被我们的大脑忘记、降低重要性，或者是被重新解释。

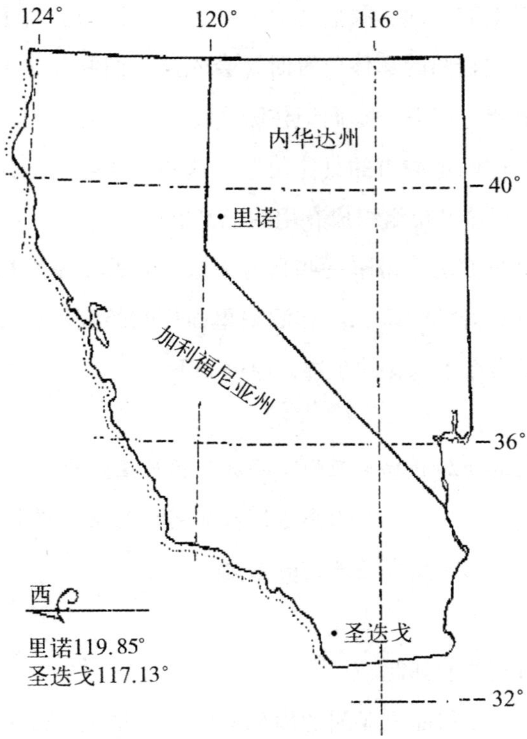

图 8-1　里诺与圣迭戈位置示意

人们倾向于接受合理化的信息

对于这种偏差最著名的一个例子，可能就是被称作“幽灵的战争”的美国原住民故事。这个故事可以追溯到 19 世纪末，它最初是使用卡斯拉美特语讲述的，这是印第安人中的切奴克族（他们生活在哥伦比亚河流域，相当于现在的华盛顿和俄勒冈两地之间的区域）所讲的一种语言。这个故事被翻译成英语并出版是在 1901 年，那时候切奴克族语已经几乎消失了，美国民族学事务局的一位研究者当时只能找到 3

个还会讲这种语言的人。这个故事能够流传到今天，很大程度上是因为它碰巧被剑桥大学的一位心理学家 F.C. 巴特利特爵士读到，并用在了一个实验中。

巴特利特在剑桥大学是一个异类。他是一位制鞋匠的儿子，由于很小就得了胸膜炎，因此父母让他在家里接受教育。直到 20 多岁，他才开始进入学校。巴特利特的病症尽管是一种不幸，但也给他带来了一些希望：这让他可以广泛地阅读，并且花了大量时间在乡间游历，在那里，他学会了观察人们的日常生活。这种注重观察的倾向对他的职业生涯起到了非常重要的作用。与他同时代的学者相比，巴特利特对心理学的研究方法更多地依靠大量观察，而不是学究式的思考。

20 世纪初，巴特利特致力于一个关于知觉和记忆的、耗时很长的系列实验。他相信每个人都不是被动地接受眼中看到的世界，不仅如此，他认为人们对事件的认识不仅是有选择性的，而且是有建设性的。巴特利特认为，许多摆在人们眼前的东西都不会被看到或回忆。他还相信，人们认为自己注意到的或是能够回忆起来的东西，实际上并没有发生或出现过。不仅如此，他认为，记忆会受到很多因素的影响，文化因素是其中之一。比如，巴特利特用实际例证展示出，非洲人会记住一些对不列颠人来说并不觉得重要的事情，反之亦然。

让我们来进入“幽灵的战争”这个故事。在巴特利特的一个实验中，他把写有这个故事的文本交给 20 个英国人，其中有 7 位女士，其余都是男士。他要受试者先读一遍这个故事，过一段时间之后再根据自己的回忆重新写出这个故事。他想要知道，一个生活在 20 世纪的英国人会如何看待一个 19 世纪在美洲印第安人中流传的故事。同样的问题也可以被拿来问我们这些生活在 21 世纪的人，如果感兴趣的话，现在就请你拿出几分钟的时间来，认真地读一下这个故事。如果你想和巴特利特的受试者做一番比较的话，在读完故事之后，你就可以合上书，休息一下。然后拿出纸和笔，把这个故事凭着自己的记忆认真地写出来。注意，不要重读这个故事，一个星期之后，再凭着自己的记忆重新写一遍，再对比一下自己写的两个版本。

下面就是巴特利特给受试者们看的故事内容。

幽灵的战争

一天晚上，有两个来自艾古拉卡的年轻人到河流入海口处去猎捕海豹。他们到达那里的时候，天空中大雾弥漫，周围一片沉寂。接着，远处传来一阵阵呐喊声，他们想："莫非来的是一帮战士？"他们逃到河岸边，在一根木桩后面藏了起来。紧接着，他们听到许多只独木舟划了过来，听声音越来越近。然后看到有一只独木舟朝着他们划了过来。独木舟上有 5 个人，对方说："我们要到河的上游去打仗。我们想带上你们一起。你们觉得怎么样？"

两个年轻人中有一个就说："我没有带箭啊。"

"箭都在船上呢。"船上的人回答说。

"我不想去。会被打死的。我的亲人们也不知道我去了哪里。"他转向另外一个人说，"但是，你要是愿意的话，可以跟他们一起去。"

于是，一个年轻人上了船，另外一个回了家。

这些战士逆流而上，到了卡拉马另一边的一个小镇。抵达后，他们纷纷跳下水，开始和敌人战斗，很多人被打死了。但是，那个年轻人听到一个战士说："快点儿，我们回家吧，那个印第安人被射中了。”这时候他突然意识到：“哦，原来他们都是鬼啊。”他根本没觉得难受，但是他们却说他被击中了。

于是，这个年轻人就回到了艾古拉卡，他下船回家，然后生起了火。他向每个人讲述这件事，说：“看！我和幽灵们一起去打仗了。我们当中很多人都死了。那些和我们打仗的人，也有好多都被我们杀死了。他们还说，我被射中了，但是我一点儿都不觉得难受。”

他把故事讲完了，然后他慢慢地安静下来。太阳升起的时候，他倒了下去，一股黑烟从他的嘴巴里冒出来。他的脸变得扭曲。人们都跳起来，尖声惊叫。

他死了。

巴特利特发现，当那些参与实验的人回忆这个故事的时候，都使它发生了很大的变化。首先，这个故事都被不同程度地缩短了。在最开始复述这个故事的时候，许多受试者通常会把故事的长度缩短为原来的一半。其次，许多细节被删除、被改变，甚至被改编。就像去捕猎海豹这件事、天气（有雾，安静）在许多复述中都消失了。森林出现了，但是这在原来的故事中根本就没有出现过。在一些复述中，那两个年轻人成了兄弟俩。在另外一些人重述故事的时候，甚至连故事的名字都改变了。再次，语言发生了很微妙但显著的变化，一些比较少见的单词都被换成了更常用的说法，叙述的腔调也变得更为口语化。

> 这个故事的长度，在第一次被人们复述的时候，被缩短到了原来的一半。

最后可能也是最重要的一点，故事变得更为合理了。巴特利特知道，像这样一个在 19 世纪美国原住民中间流传的带有神秘色彩的故事，会让生活在 20 世纪英格兰剑桥地区的富于理性的人们感到困惑。而实验的目的是要了解这些“受过教育而且老于世故的人”，对于这样一个发生在“完全不同的文化和社会背景中”的故事会做何反应。

然而，这些实验对象的表现很不理想。

“这些实验参与者从一开始就完全不是一种简单接受的态度。”巴特利特评论道。读到这个故事的人，都在努力把它放进自己对外部世界的理解中。比如，在读完这个故事后，一个读者很自信地宣称：“这很明显就是一个虚构的梦境谋杀故事。”这个故事可能是这样的，也可能不是。但是对巴特利特来说，有一件事是很清楚的：一旦这些现代读者要让这个故事“符合”自己的理解，故事的形式就不可挽回地会发生改变。巴特利特发现，很快地，实验参与者倾向于“祛除原有的奇怪、愚蠢、不合逻辑的特征，让故事的叙述更加有秩序”。换句话说，重写后的故事变得更简化、更通顺，也更富有条理了。

在日常生活中，我们会碰到和处理这个故事的方式颇为类似的情形。当你推着购物车在当地超市买东西的时候，想想看，你的眼睛匆匆扫视着货架上商品的价格，你记住了哪些呢？为什么会记住那些，而非其他？实际情况是，当你努力回忆那些商品的价格时，大脑处理这些物价信息的过程和巴特利特实验参与者回忆故事的方式是非常类似的，即尽量简化那些信息。研究者发现，物品价格对应的音节越多，我们的记忆效果越差——商品价格的发音每多一个音节，它被回忆起来的概率就下降 20%。即使是在两个价格的长度相同的时候（比如都是 3 位数或 4 位数），这个规律同样有效。举个例子，77.51 美元（4 位数，它的英语发音有 8 个音节）和 62.30 美元（同样是 4 位数，但它的英语发音只有 5 个音节）。更通顺、念起来更上口的价格更容易被我们的大脑记住——大脑在记忆地图和故事的时候，也是一样的。

你能记住多少歌词？

巴特利特实验反映出的一个关键问题是，记忆的过程经常就是记忆者本性的反映。不同的人在回忆相同场景的时候，回忆中的画面可能是完全不同的——这不是人与人之间记忆力好坏的问题，而是因为每个人自身有独特性。就像巴特利特所说的，这个把故事变得更合理的过程，“倾向于体现重述者自己进行创作时的个人风格，这种风格显然是直接受到重述者自身的性格和脾气的影响的”。

你会发现，即使是那些你从小学开始就熟记过千百遍、觉得已经烂熟于心的东西，如果真的要让你一字不差地写出来，也是非常困难的。我们以美国国歌《星条旗永不落》为例。这首歌并不长，只要一分多钟就能唱完，歌词也只有 81 个单词。但是，这些歌词你记得多少呢？如果你想找点儿有趣的事做，那就拿出笔和纸，然后凭借记忆把你能记得的歌词写出来——要记住，不要一边唱一边写，只凭对歌词的记忆。然后把你的这份歌词和弗朗西斯·斯科特·基的原文对比一下。杜克大学的教授戴维·鲁宾就对一组大学生做过这样的调查。他发现，学生们平均只能记得国歌 81 个单词中的 32 个。

> 如果先放一遍器乐演奏的美国国歌的旋律，再让学生们默写歌词，学生们能够回忆起来的歌词就从原来的 32 个单词一下子上升到了平均 52 个单词的水平——当然，这并不完美，但已经很不错了。

但是，如果让学生把单词

放在音乐中回忆，结果又是如何呢？鲁宾发现，如果先放一遍器乐演奏的美国国歌的旋律，再让学生们默写歌词，学生们能够回忆起来的歌词就从原来的 32 个单词一下子上升到了平均 52 个单词的水平——当然，这并不完美，但已经很不错了。旺达·华莱士就曾经得出结论，认为音乐（例如旋律）的关键特征是能够起到阻止歌词被遗忘的作用。除了节奏方面，旋律可以为歌者提供很多歌词方面的线索，比如一句话的长短，以及某个单词的发音模式等，这些都有助于加强我们对歌词文本的记忆。

你的话有多少是真实的？

在复述故事的过程中，我们的大脑自己找出的叙述方式与音乐在记忆歌词时的作用大致相仿。它给我们能够回忆起来的事物设置了一些约束，这种约束引导着我们重新构建事件的过程。比如，如果我们想用一种非常有趣的方式来复述一个故事，那么我们可能就会舍弃原来故事中的某些东西，有时候还要添加一点儿自己编造的内容。在这个过程中，复述故事已经不是其本身的变体了，反而成了那个事件本身，我们就是这样记忆那件事的。同样，当别人询问我们最近过得怎么样时，我们是怎么回复的呢？我们不会把自己最近发生的所有事情都向对方从头到尾叙述一遍——这样的回答肯定会让人觉得无聊至极。那么，我们怎么知道应该告诉别

> 如果你想用一种好玩的方式来复述一个故事，在你复述的过程中，故事已经不是其本身的变体了，而是成了那个事件本身，我们就是这样记忆那件事的。

人哪些东西，又应该省略什么东西呢？简言之，我们要如何组织发生在自己周围的所有事实呢？

对这个问题的答案之一来自芭芭拉·特沃斯基，她就是研究人们是怎么记错地图的那位教授。她的研究表明，人们组织自己生活中发生的各类事件的方式与观察天空中的星星的方式是一样的：倾向于把天空中的星星划分为不同的星群，我们对生活中面临的许多事实也是这样处理的。

“任何事件本身都不是语言，”特沃斯基表示，“事件发生在各式各样的场景中。如果你正目睹一起意外事故，你不会听到有人在事故发生的同时还在进行解说，你只会注意到某些事情，而不是其他事情。”作为结果，她说，我们只能强迫自己回到事件发生的那个时刻，并给我们要讲述的事情加上自己认为的某种秩序。

十几年前，特沃斯基和她的同事，杜克大学的伊丽莎白·马什，做过这样一个实验。她们让学生在几周的时间里，每天记录下自己讲过的故事。具体而言，她们要求学生们记录下自己把这些故事讲给谁听过（比如，父母或其他同学），讲故事的目的是什么（传递信息，娱乐等），以及故事的梗概。她们还会问这些学生，他们在给别人讲故事的时候，是否对原来的故事做过改动，比如，是不是对某些部分进行了修饰，或是故意遗漏和省略了某个部分。最后，她们问学生是否对故事的情节做过歪曲。

在仔细分析结果后，特沃斯基和马什发现，大多数故事（有 58%）都是用来传递信息的。这些故事一般都是关于社会事件的，被复述给别人的平均次数是 2.7 次。这些结果都没有什么出奇的，出人意料的是人们对原来故事的歪曲情况。学生们不仅承认自己在复述时篡改了原来的故事，而且篡改的程度远超他们自己的感觉。特沃斯基和马什发现，学生们对 61% 的故事做过删减、添加，以及夸张或简化处理。

当学生们被直截了当地问到，这样的做法占了多大比例的时候，学生们的回答是42%。这个数字和61%的真实结果之间，存在较大的差距，这表明，学生们歪曲和篡改原来故事的情况如此普遍，以至于在很多情况下他们不认为自己在撒谎。

> 在复述故事的时候，学生们会添加、省略，或者是夸张、简化原来的信息。学生们这么做的比例高达 61%。

最普遍的一种改变就是省略原来故事中的一些重要细节，这种情况占了 36% 的比例；夸张和简化的情况出现的比例大体相当，分别是 26% 和 25%。被重新讲述的故事中有 13% 出现了纯粹的胡编乱造—— 一些情节在原来的故事中根本就没有出现过。不仅如此，研究还发现，学生们会根据讲述对象和讲述目的的不同，来调整讲述故事的方式。比如，仅仅是为了传递信息，学生们就不会倾向于以夸大的方式进行讲述——尽管有时会简化或省略一些重要的细节。在为了娱乐目的讲故事的时候，故事的讲述方式则与刚刚提到的情况正好相反：他们会夸大或添加某些细节，但不会简化或省略原故事中的重要细节。

特沃斯基和马什发现的某些结果和另外一项研究得到的结果出奇地一致。在那项研究中，人们和一位陌生人在刚刚认识的时候相互交谈，大约 10 分钟的交谈内容都用录音设备录制下来。之后，重放这些录音带，让被测试者确定自己在交谈中讲的内容有多少是真实的，结果，有 60% 的人承认，他们在交谈中说过谎话。

说谎还是“印象管理”？

人们为什么爱说谎话呢？

特沃斯基相信，这一问题的部分原因在于我们对听到之事的意图所做的假设。

在一个秋天的下午，我和特沃斯基在纽约的中央公园散步，她说："我们总是有这样一种简单而老套的观念，认为谈话的目的就是传递和交换信息。"但是，情况并非如此，至少并不总是如此。她说，你不要只是把谈话作为一种传递信息的手段，你应该把它看成一种为了达到某种特定目的而精心设计的行为方式。

"如果你把谈话当作这样的一种行为，我们的一些行动就是要人们对我们有某种印象、感受，或者是让别人以某种方式来对待我们——比如让人喜欢我们，或者是让别人认为我是一个聪明的人，或者是一个性格强悍的人。"

我们可能会想，谈话不过是一种传递信息的手段。然而，并非如此。有时候，谈话是充当"印象管理"的一种方式。

在这个意义上，她说，谈话的目的就不再是传递真实的信息，而是让别人形成一种对自己的印象。如此一来，准确性的作用在谈话中就完全让位于"印象管理"了。

既然学生们在讲述故事的过程中掺杂了那么多曲解和编造的内容，我们就有理由怀疑，听他们讲故事的那些人是否知道自己被误导了。特沃斯基和普林斯顿大学的丹尼·奥本海默当时尚未发表的合作研究文章表明，人们能发觉这种误导，尽管并不总是这样。他们发现，聆听者会忘记被讲述者歪曲的某些内容，并会捕捉到讲述者没有提到的一些东西。尤其是聆听者报告他们听到的夸张成分要比讲述者承认的情况严重。是什么把讲述者的情况泄露给了聆听者呢？让讲述者露出马脚的常常不是故事本身，而是讲述者自己。“她是一个喜欢小题大做的人。”一个聆听者是这么评价一个讲述者的。“他总是挥舞着自己的手臂。”另一个聆听者说。第三个人说：“如果他父母在旁边的话，他就肯定不会说那些关于毒品的事情。”不管线索是什么吧，聆听者绝不是我们想象的那样容易轻信和受欺骗的，他们总是可以很中肯地对听到的东西打折扣。有趣的是，相对于女性，男性对自己听到的东西持有更谨慎的怀疑态度。

> 相对于女性，男性对于自己听到的东西持有更谨慎的怀疑态度。

“在这一点上，男性比女性要严重得多。”特沃斯基说。

但是，在这些影响中最有意思的事情不是出现在聆听者一方，而是出现在讲述者一方。在重述故事的过程中，马什和特沃斯基发现，重述者不仅误导了别人，还误导了自己。研究人员发现，在讲述过程中，对故事的改变会形成重述者记忆的一个内在组成部分——以至于重述者经常会把这些有意讲错的部分在记忆中自动保留下来。这种情况在现实状况中很难被展示，但是在实验中则容易被记录（因为实验环境可以得到更严格的控制）。研究人员告诉参加实验的学生关于两个新来的室友的一些编造出来的信息。为了方便起见，我们把这两名新室友称为迈克和戴维。这两个人都有一些非常优秀的品质，当然，他们也都会做一些让人觉得很气恼的事情，比如迈克会把红葡萄酒洒到地毯上，而戴维会不打招呼就穿着其他室友的衣服出门。

之后，研究人员要求学生写一封关于新室友的信件。在有些情况下，信件是为室友说好话的，比如在推荐室友成为兄弟会成员的时候；在另外一些情况下，信件对室友的说法则是负面的，比如给宿舍管理办公室写信，想要把新室友赶出去的时候。在信件写好之后，研究人员要求参与实验者回忆当初听到的关于新室友的事情，能回忆多少就回忆多少。结果显示，参与实验者这时候回忆的信息常常是错误的。有一些给宿舍管理办公室写信的学生在回忆戴维的情况时，会说他经常把红酒洒在地毯上，实际上，戴维没有洒过酒，洒酒的事是迈克干的。

总之，我们真的会相信我们自己的谎言。但是，就像巴特利特所发现的，我们自己对这个过程却并不知晓。

第9章

性别差异带来的偏见

男性驾车造成的致命事故是女性的3倍；男性在股市上的交易频率要比女性高45%；男性更倾向于高估自己的智商及魅力；男性都觉得自己对战争有更大的胜算……男性这种过分自信的心理使他们更容易发动一场战争。

我们个性的诸多方面影响了我们许多人（也许是所有人），让我们容易犯下某种特定类型的错误。如果你喜欢开快车，那么你在股票市场上买入和卖出的频率也会更高。在芬兰有一项针对这类司机的研究，研究表明，每一张超速罚单都意味着这些人在股市上的交易频率比别人高 11%。实际上，如果你频繁地因超速而被开罚单，那么你很有可能不是交易频繁，而是交易得过多了。问题恰恰也出在此处。许多研究都表明，那些交易最频繁的投资者，其收益水平却是最低的。一项调查的研究了 20 世纪 90 年代牛市期间股市的平均年盈利状况，那段时期人们的平均年盈利水平是 17.9%，但在同期，那些交易最频繁的投资者的盈利水平平均只有 11.4%。[①]

那些交易最频繁的投资者，收益水平却最低。

有趣的是，芬兰的研究人员发现，交易的频率不仅与投资者的车速有关，而且和另外一件事情有关，那就是投资者的性别。一般而言，男性比女性收到的超速罚单更多。尽管年长的男性比年轻的男性的情况要好些，但是他们总体上都比女性更容易超速驾驶。根据一项调查的资料，男性在股市上的交易频率也要比女性高 45%。男性和女性之间的这种差距终其一生都是存在的——尽管男性上了年纪之后，差距会缩小。男性在结婚前与女性在这方面的差距更为明显，他们的交易频率会比单身女性高 67%。

---

① 如果你想衡量一下自己在股市上的交易是否过于频繁，这里可以提供一个“基准”：一般而言，投资者持有的股票年换手率是 75%。换句话说，他们每年会卖出自己手中 3/4 的原有股票。

自负的男性

对于这一问题有很多种不同的解释。一种主流的观点是，男女两性的自信程度有所不同。就像我们在下一章中将会看到的，过分自信是导致人们犯错的一个重要原因，在许多领域内，男性和女性都会表现出过分自信的倾向。

但是，男性总是比女性更容易自信过度。男人和女人在自信程度上的差别，有助于解释这两种性别的人犯错的不同情况。比如，在被要求估计自己智商的时候，男性普遍会比女性高估自己的智商。其实，男性并没有自己想象的那么聪明，他们的智商实际上要低于自身的估计。而女性则正好相反，她们的智商实际上要比对自身的估计更高。换句话说，男性会高估自己的智商，女性则会低估自己的智商。此外，男性还会高估自己的吸引力。

> 男性更倾向于高估自己的智力及其自身的魅力。

这种自信上的差距，在一些男性占支配地位的领域中（比如战争和金融）尤其明显。男性，哪怕是没有成年的男孩子，都认为他们在这些领域要比女性更为擅长。比如，在校学习期间，在数学这类男生占支配地位的科目上，女生普遍表现出低估自己的倾向，但是男生就不会。美国军方也发现男性比女性更喜欢开枪。在一项研究中，军方模拟了友军误伤的情境，也就是士兵开枪打中了自己人。在对结果的分析中，军方发现，男兵倾向于开枪打中不该打的人，但是女兵则相反，她们倾向于放过那些本该击毙的敌人。换句话说，男性会击毙好人，而女性则会放过坏人。

还有另一项研究发现，男性更喜欢挑起战事。普林斯顿大学教授多米尼克·约翰逊和哈佛大学以及加利福尼亚大学的研究者一起，做了一系列战争游戏实验。约翰逊和同伴们想要弄清楚的是性别与侵略性及自负之间的关系。他们找了 200 个受试者，其中有男性也有女性，他们让这些人坐在网络终端的电脑屏幕前，选择自己扮演的角色——两个交战国的领导人。前提是在这两个国家存在争议的区域，发现有钻石矿藏，为了争夺这处矿藏，两个国家出现了冲突。

参与实验的受试者在选择好自己扮演的角色后，两两之间单独进行较量。当然，他们都不知道自己的对手是谁，也不知道对手是男是女。游戏每 7 分钟一局，总共要玩 6 局。在每一局中，他们都要思考自己采取什么样的措施，可以选择什么都不做，也可以选择和对手谈判，或者开战，如果愿意的话，也可以向对手投降（实际上，没有人在游戏中选择投降）。在游戏开始前，研究人员会问每一个受试者：你觉得你会在游戏中表现得怎么样？如果受试者回答说，我认为自己会有很优秀的表现，那么他给自己的排名就是第一名；如果参与者认为自己的表现可能会是最差的，他们就给自己排为第 200 名；如果参与者认为自己的表现也就是中等，那么就可以把自己排成第 100 名。在游戏结束后（但是要在公布最后成绩之前），研究人员会再一次让受试者对自己的排名进行预测。

你可能已经猜到了，受试者一般都会高估自己在游戏中的表现。不过，研究人员进一步分析这些结果的时候发现，整体上高估自己的情况基本上都来自男性群体，女性受试者对自身排名的估计都是在第 100 名左右，也就是说，她们都认为自己是中等水平。

更重要的是，约翰逊及其同事发现男性比女性更容易挑起争端，原因在于男性的自负。在对掌握的信息进行分析之后，研究人员发现，男性都觉得自己对战争有更大的胜算。过分自信的男性更容易发动一场战争。

这个实验是在实验室中进行的，很显然，这里有一些人为设定的条件，和真实世界里的情况存在差异。尽管如此，很难说现实世界不存在与此类似的情况。当乔治·布什决定发动伊拉克战争的时候，他问美国中央情报局（CIA）局长乔治·特尼特：你对应对萨达姆·侯赛因拥有大规模杀伤性武器这件事有多大把握？

“别担心，”特尼特报告说，“我们对此信心十足。”

男性都觉得自己对战争有更大的胜算。男性的这种过分自信，也使他们更容易发动一场战争。

男性更易冒险

男性通常在一些事情上会认为自己做得很好，但实际并不一定如此。有时候，他们的表现不是更好，而是更糟糕。就拿股票交易的例子来说，过分频繁的交易会让男性减少 2.65% 的年平均净收益，而对于女性来说，这个数字只有 1.72%。也就是说，在这个问题上，两性之间的差距是 0.93%，这个数字不大，但也是明显的差距。另外，这个数字差距对所有男性来说都是存在的。如果你只看那些未婚男性的数据的话（可以假定这些男性的交易决策是在没有受到妻子影响的情况下做出的），他们和女性在年平均净收益上的表现则相差更多，达到了 1.44%。①

① 值得注意的是，在选股票这方面，不论是男性还是女性，通常表现得都很糟。他们卖出的股票的收益率普遍高于他们买入的股票。

多年的研究表明，男性和女性看待自己生活的方式是不同的，而对自身生活方式的回忆也不一样。在年龄很小的时候，这种差别就已经存在了。我们所犯错误的根源，或多或少地可以追溯到男女两性对世界的认知方式以及对过去回忆的差别上，就比如男性和女性对待风险的态度。在很多领域，女性都比男性有着更大的规避风险的倾向，这种倾向也在上述的军方实验中有所体现。女兵面对有风险的情境的时候是开枪还是不开枪呢？她们更多选择的是规避风险的措施，也就是不去开枪击毙对方。

在日常生活中，我们也可以看到女性的这种规避风险的倾向，例如开车。根据资料，女性在驾车时会比男性更加注意系上安全带，而男性则更愿意做一些冒险举动，比如闯黄灯。既然有这种差别，也就不难想象，美国男性驾车造成的致命事故是女性的 3 倍。男性相对于女性，也更容易死于溺水或偶然性中毒等意外事故。

> 男性驾车造成的致命事故是女性的 3 倍。

男女两性在风险规避上的这种差别有着很多深层次的原因，我们需要对比做出进一步的解释。哥伦比亚大学教授艾尔克 · 韦伯和同事一起，对男性和女性如何认识不同类型的风险的问题进行了研究。该项研究关注的风险主要是以下 5 种类别。

1. 财务风险
2. 健康和安全风险
3. 休闲中隐藏的风险
4. 道德风险
5. 社会风险

研究者向 500 多名受试者发放了调查表，这些人既有男性也有女性，年龄从十几岁到 40 多岁不等。对于上述的每一种风险，受试者都会被问到约 20 个相关问题。例如，对于“休闲中隐藏的风险”，他们会被问到是否会去蹦极；在“财务风险”方面，他们会被问到是否会和朋友共同承担汽车贷款；在“社会风险”一项，他们会被问到在社交场合是否会就某个不受欢迎的问题说出自己真实想法……受试者要给每个问题的风险做出评级：从 1 级到 5 级。1 级代表“基本上没有任何风险”；5 级代表“有极高的风险”。

韦伯发现，对于上述 5 类风险中的 4 类，女性比男性有更强的风险回避意识。（唯一的例外是在“社会风险”这一类别。）男性明显比女性更喜爱从事一些具有危险性的活动。（这一点同样在“社会风险”这一类别上存在例外。）

为什么会这样？这是个有趣的问题。为了探究这一现象背后的原因，韦伯和同事们要求受试者对每一项活动的风险评定进行风险 - 收益分析。即每一项活动的风险到底有多大？你为什么会这样认为？如果要去冒那么大的风险，你觉得会得到什么样的收益？在分析这些资料的时候，韦伯发现了一个令人吃惊的事实：男性并非更愿意追求风险，男性只是更看重风险带来的收益。（例外的情况还是出现在“社会风险”领域。）

韦伯说，乍看起来，这个发现和人们的常识相违背。对于一项特定的活动，人们应该认为它带来的收益对男性和女性来说是一样的。比如在蹦极的时候，别管绳子那头栓的是一位先生还是一位女士，蹦极就是蹦极，没有什么两样。但是，韦伯发现，实际上，男性和女性对同一项活动所能带来的好处确实存在不同的认知。正是由于这种差异的存在，才能更好地解释为什么在某些时候，女性不愿意冒险而男性却愿意，因为男性认为那么做是值得的。

撒谎和彩票

男性和女性不仅在看待世界的方式上存在差别，而且他们看待自身的方式也有所不同。比如，在对待犯错这件事情上，女性就比男性对待自己更为严格。举个例子吧，有多项研究都表明，男性更容易忘记自己曾经犯过的错误，而女性则会在更大程度上受到自己所犯错误的困扰。一些采访发现，和失败有关的事件与和成功有关的事件相比，前者对女性的自尊有着更大的影响，但对男性而言，这两类事件对自尊的影响则没有那么大的差别。

女性的许多特征让她们表现得没有男性那么乐观（或许可以说，她们更现实一些吧）。例如，很多研究表明，与女大学生相比，男大学生更容易预期自己会取得好成绩。在完成一项任务后，男生对自己的表现也更为自信和肯定，这些任务不仅包括男性更擅长的项目，例如处理几何图形，也包括男性并不擅长的一些项目，例如填字游戏。实际上，在这些方面，女性至少和男性做得一样好，有些甚至做得更好。然而，当被问及自己的表现如何时，男大学生则明显比女大学生更乐观。即使是在撒谎的时候，男性和女性的表现也是不同的。例如，男大学生说的很多谎话都是和他们自己有关的，他们都倾向于夸大自己的计划，夸大自己曾取得的成就（尤其是在和女大学生聊天的时候）。而女生则倾向于美化他人。

> 即使是在撒谎这个问题上，男性和女性的表现也是不同的。

这种在自信心方面的差别，可以引起许多实实在在的差别。有一个例子可以生动地对此做出说明。研究人员向某公司的员工出售一种每张 1 美元的彩票——这些员工既有男性也有女性。然后，研究人员询问这些买了彩票的人是否愿意卖出自己手中的彩票，如果想卖的话，价格是多少。他们发现，与男性相比，女性更愿意以较低的价格卖出手中的彩票。平均来说，女性只要 1.33 美元就愿意出售自己持有的彩票——比原来 1 美元的买入价高不了多少；而男性则至少要别人出 4 倍于原来的价格，才愿意出售手中持有的彩票。

> 与男性相比，女性更愿意以较低的价格卖出自己手中的彩票。

男性比女性更多地使用软件的高级功能

还有其他一些与性别有关的差别，但并不如此显而易见，比如我们使用计算机的方式。就像在数学和战争中一样，计算机领域也是由男性主导的。在计算机专业的本科毕业生中，女生所占的比例在 1985 年达到最高，为 37%，自此之后，这一比例就持续下降。如今，女性在这一领域所获学士学位的比例只有 22%，这意味着每 5 个计算机专业的毕业者中只有 1 个是女性。

这种差别激起了微软公司一名女员工的兴趣，她叫劳拉·贝克威思，当时她刚刚获得了计算机科学博士学位。贝克威思想要弄清的问题是，人们使用计算机解决日常问题的方式存在什么样的差别。十几年前，她就注意到，男性比女性更多地使用软件的一些高级功能，尤其是帮助计算机使用者发现并改正错误的功能。这一修正错误的过程被称为“调试”(debugging)，这对计算机程序的正确运行是非常关键的。

贝克威思认为，男性和女性在使用软件高级功能上的差别，不是因为能力的差别，而是出于自信心的差别。在需要解决问题的时候，缺乏自信心不仅会影响解决问题的最终结果，也会影响解决问题时所采取的方式。这种差别很微妙，但却很重要。除了其他差别，不自信的人在放弃错误策略时表现得更迟疑，也很少能想出新的解决办法，他们更愿意走在老路上不回头。

> 在需要抛弃错误策略时，那些不自信的人会表现得更迟疑，也很少能想出新的解决办法，他们更愿意走在老路上不回头。

在同事们的帮助下，贝克威思设计了一个独特的调查方案。她分别测试了一组男性和女性的自信心水平，方法就是问他们是否认为自己可以发现并改正电子数据表中那些公式的错误。然后，她让这些人坐到电子计算机前去完成这项工作，并且要求在一定的时间内完成。

成功完成这一任务的关键在于要使用电子数据软件的“调试”功能。但是，贝克威思发现，只有那些在开始回答问题时就认为自己可以成功解决问题的女性——那些更加自信的女性——才会使用软件中自动的“调试”功能。相反，那些自信水平较低的女性在完成该项任务时使用的手段就是自己熟悉的手动方式，一个错误一个错误地进行改正。采用这种方法实际上只会带来更多的错误，而不是消除系统最初存在的错误。

这让人觉得很是迷惑。从测试的调查表中，贝克威思已经了解，这些女性是知道电脑的调试功能的，但是许多女性还是选择不去使用这个功能。为什么呢？答案再次回到了男女两性看待风险的不同态度上。参加贝克威思测试的女性在进行风险和收益分析的时候就感觉到，使用“调试”工具可能会带来失误，而失误带来的风险不足以抵消它改正错误带来的收益。

“她们的这种认识，”贝克威思说，“就是说，学会正确地使用这种工具，需要付出一定的时间代价。这样，她们就会担心，有了这个工具，却不能正确地使用它，那么就不如根本不去用它来得稳妥。”

修补漏洞的重要性

贝克威思说，在她的研究中，男性比女性更愿意去修补原来程序的漏洞，而这种修补工作和成功地完成任务之间有着密切的联系。她的这一发现与其他研究得出的结论是一致的。比如，在对小学生进行的关于数学、地理，以及游戏等项目的测试中，男孩子总是更喜欢通过修修补补的方式来使用一些工具，探索性地、创造性地解决问题；女孩子则不大愿意这样做，她们更偏爱按照指导，一步一步地解决问题，也就是说，女孩子倾向于走在老路上不回头。

男女两性在解决问题方法上的差别，也反映在日常生活中开车找路的方式上——不管是孩子还是成年人，这种差别都是客观存在的。美国运输部资助的一项研究表明，人们在开车过程中大约有 20% 的路程和 40% 的时间是用在“找路”上的——当然，这是一种委婉的说法，正常的说法是“迷路”了。不仅如此，该项研究还发现，在遇到这种困难的时候，驾驶人迷路的情况与其年龄、受教育程度，以及开车的经验没有什么关系。无论是年轻的还是上了年纪的驾驶人都会有很多时候处于迷路的状态。但是，研究人员提到了这样一个因素：男性驾驶人似乎要比女性驾驶人的表现好一些。并不是在任何地方、任何时间都是这样的，不过，这种差别还是值得提出来的。

男性和女性分别是怎样找路的？

男性和女性的这种差别，实际上从他们年龄很小的时候就已经出现了，甚至可以追溯到他们刚刚离开父母的怀抱，开始学着在自己的世界里徜徉的时候。比如，男孩在 6 岁时，就已经表现出成年男性驾驶人的“糟糕”特性了：不愿意向别人问路。目前我们所知的男性和女性“找路”的知识，大都来自阿尔伯塔大学已经退休的埃德·康奈尔教授。他是世界上研究“找路”问题的专家，或者说是专门研究人们如何从 A 点到达 B 点的人。

> 男孩在6岁的时候，就已经表现出成年男性驾驶人的“糟糕”特性了：不愿意向别人问路。

在一个实验中，康奈尔教授和同事们对 3 组人的找路技巧进行了研究，这 3 组人分别是：6 岁组、12 岁组和 22 岁组。3 组共有 180 人，每一个受试者都会被测试者带着在阿尔伯塔大学的校园里走上一段路。在到达路程的终点后，受试者需要自己顺着原路回到出发的地方。然后，康奈尔和他的同事们就开始计算受试者在回去的路程中，有多少路程是走对的，有多少路程是偏离原来的路线的。

在这 3 个组别中，哪一组会更多地偏离原来的路线呢？毫无疑问，答案是 6 岁的那组男孩。在仔细分析了结果之后，康奈尔和同事们还注意到了其他一些问题：在偏离原来路线的时候，女孩比男孩更愿意接受别人的帮助，并回到最初的行走路线上去。康奈尔教授总结说：“这个结论和人们的一种刻板印象是一致的，在迷路的时候，女孩更愿意停下来问路，而男孩则更喜欢乱走，想办法寻找其他途径。”

男孩和女孩在找路的时候，为什么会存在这么大的差别呢？最普遍的一种解释是，从很小的时候开始，父母就不鼓励女孩像男孩那样去冒险、探索——或者，你也可以说，是想办法对错误修修补补。数十年来，研究人员对孩子“安全活动范围”的拓展情况进行了研究——这个范围就是父母允许孩子自由活动的范围。有一系列因素会影响孩子安全活动范围的大小。例如，如果父母特别注意孩子的安全，那么孩子们获得的“安全活动范围”就会更小。城市里的孩子的“安全活动范围”往往不像农村的孩子那么大。但是，就一般情况而言，有两种看法肯定是正确的：第一，孩子的“安全活动范围”在 6 岁到 9 岁这段时间扩展得最快；第二，男孩的“安全活动范围”比女孩大。

到 8 岁时，男孩的活动范围就远超女孩

研究还显示，男孩和女孩在辨识道路上的差别是从 8 岁左右开始出现的。碰巧的是，这正是父母开始给予男孩更大自由活动范围的时期。在这个年龄之前，男孩和女孩的“安全活动范围”基本上是一样的。比如有一项研究显示，7 岁小女孩和 7 岁小男孩的“安全活动范围”都是 200 码左右。但是在 8 岁的时候，二者的“安全活动范围”就开始出现差距。到 9 岁时，男孩被允许自由活动的范围就已经超过女孩的两倍。无论孩子是在城市、郊区或者乡村长大，这种情况都是一样的。

> 到 8 岁的时候，男孩的活动范围就已经大大超过女孩了。

研究人员已经发现，从 8 岁以后，男孩开始能够更生动、更丰富

地描述他们自由活动的范围。在自己的这一活动区域内，他们制作的地图更详细，比同年龄段的女孩所能描述的信息多一倍。到 11 岁，男孩制作的地图已经变得非常复杂，并且能更多地使用符号，并正确地使用比例尺。总体来说，这时候的男孩比女孩有更明确的空间感。即使是在面对同样熟悉的环境的时候，比如教室，男孩——无论是在幼儿园、二年级还是五年级，总是能比女孩更确切地在自己的头脑中构造出教室的样子。

有趣的是，这种差别看起来并非天生存在。换言之，男孩并不是生来就比女孩在地理空间上有着更为明确的感觉。研究人员还单独研究了另外一类女孩，这些女孩可以更自由，或者说更大胆地在当地玩耍。研究发现，在她们制作的地图上，也可以有同样复杂而详细的信息。

在这种“自由活动范围”的经验中最关键的一个部分是孩子们和周围世界相处的方式。对于在大多数领域的学习方式来说，主动的经历要比被动的经历有着更为明显的效果。举例来说，孩子们的“自由活动范围”和他们上下学搭乘校车路线的长短和范围没有直接的关系。那是因为，孩子们面对长时间的、单调乏味的路程的时候，会和我们一样，不再理会周围的环境。他们可能眼睛盯着车窗，但实际上什么都没有留意。但这种“留意”是非常重要的。当孩子可以自由地在一片区域漫游的时候，他们会仔细观察其中的岩石、树木、小溪，以及其他各种生动的情境，唯有如此，他们才能对这个地方的情况有真正深入的了解。

为什么男人不爱问路？

这种经历会给孩子带来巨大的影响，而且会一直持续到其成年之后。在人的整个生命历程中，男性总是自认比女性更有方向感——尽管没有什么证据支持这种感觉。对这种在方向感上的自信心的研究甚至可以追溯到 40 年前。有一项早期的研究报告表明，71% 的男性认为自己的“方向感很强”；只有 47% 的女性会持有同样的看法。最近的一些研究也得出了同样的结论，女性自我感觉方向感的确差一些，并且比男性更担心迷路，即使是面对是否抄近道或在哪个路口转弯这种日常问题，也会比男性更焦虑。

就像贝克威思揭示的在使用计算机方面的性别差异那样，男性和女性自信上的差距也反映在他们不同的认路方式上。一般来说，男性更喜欢抽象的方法，即通过使用一些长度单位（比如英里）和基本方向（如东、南、西、北）来记忆路线。你在向男性问路的时候，他可能会告诉你：“往北走 1 英里，向东再走 3 英里就到了。”研究人员把这种认路方式称为“概览式策略”。女性则更喜欢用具体的方式，按照地标，以及左和右的方向来记忆道路。你向一位女性问路的时候，她可能会告诉你：“在消防队那里向右拐，然后一直顺着路朝前走，直到看见一座教堂，然后你向左转。”

当然，我们说的只是通常的情形。不是每一个人都如此，也不是在所有的情况下都这样。一些女性也会使用“概览式策略”，一些男性也会使用“路线策略”。根据环境的不同，人们会在这两种策略之间做适当的调整。如果你碰巧和我一样，住在美国的中西部，这里空间开阔，地标式建筑很少见，那么不管你是男性还是女性，你可能会更多地使用最基本的东、西、南、北这样的方位来指路。但是就整体状况来说，男性和女性会使用不同的策略。这种差别有助于解释为什么男性更不愿意问路。

“他们不愿意向别人问路，确实有一个很充足的理由。”丹尼尔·蒙塔洛说。蒙塔洛是加利福尼亚大学圣塔芭芭拉分校的教授，他专门对这个问题进行过研究。他说，人们通常把这归结于男性的“自我中心主义”。在某种程度上，也许有一点儿吧。“不过，至少它不是唯一的原因。”

许多成年男性就像康奈尔实验中那些偏离路线的 6 岁孩子，他们在现实生活中也倾向于偏离原来的路线。蒙塔洛说，不过，他们只是偏离了，这并不意味着他们找不到路。

“他们根本就不认为自己迷路了。”

第10章

几乎所有人都会过度自信

我们明知加入减肥俱乐部收效甚微，明知自己不可能总去上健身课，明知信用卡在半年之后的利率很高，但我们依旧加入减肥俱乐部，依旧为健身课付费，依旧半年后才偿还信用卡贷款，这是为什么？

普林斯顿大学的一个研究小组做过这么一项实验。他们找来一些人，让这些人估计自己和“普通大众”对一系列偏见的认知差异。这些受试者大部分都声称，自己比“普通大众”更少受到偏见的影响。这确实没有什么奇怪的，因为我们大多数人都讨厌把自己看作和别人一样的普通人，或者说，要我们把自己看得低于普通人，就更是万万不能了。于是，我们总是带着过分良好的自我感觉生活在这个世界上，认为自己总是高于平均水平。这种过分良好的自我感觉，为我们要犯的许多错误埋下了种子。

“我们认为，自负是人类一种非常普遍的心理特征。”斯蒂法诺·戴拉维格纳说。斯蒂法诺是加利福尼亚大学伯克利分校的经济学教授，他对自负是如何使我们在日常生活中犯错误的问题进行了专门的研究。这类错误包括，加入健身俱乐部会员，却从来不去健身；购买分契式公寓[①]的使用时段（我们也不怎么用，至少不会像我们购买时想象的那样经常去用）；禁不住发卡部门的低利率诱惑而开办信用卡（我们会因此过量透支）。他的研究最终得出了这样一个具有普遍意义的结论：“几乎所有人都是自信过度的——除了那些心态抑郁者，可能他们更现实一点儿。”

> 几乎所有人都是过度自信的——除了那些心态抑郁者，可能他们更现实一点儿。

① 分契式公寓（Condominiums），简称 Condo。买主是其居住单位的产权所有者，但这类公寓或排屋的花园、进出车道是多人共有的，采取分契共管。在购买时，除了交付买房款和地税等，还需要付一定的管理和维修费用。——译者注

过度自信反被商家利用

过度自信的陷阱隐藏在四周，而且经常藏在你最意想不到的地方。我觉得最典型的一个例子，就是高尔夫球用品专卖店。如果你最近去过高尔夫球具店，你肯定会知道，很多商店都有一块可以做推杆练习的小草坪，在那上面，你可以试用一下自己想要买的新推杆。然而，相比起用于试用推杆，这块草坪更多地起到了影响顾客的作用：在试用推杆时，人们会变得更为自信，从而更容易买下在平常不会去买的昂贵球杆。一项实验发现，当人们在这样的草坪上进行 3 英尺距离的推杆时，一击入洞的概率会大大增加。这样，大家就会觉得自己打高尔夫球的水平要比那些能在 10 英尺距离推杆的人好。举例来说，距球洞 3 英尺推杆的人，会把自己的技术水平排进前 35% 之列；而那些在 10 英尺距离推杆的人，会把自己的技术水平排到前 15%。结果，这种自信心的过度膨胀成了商家促销的有效手段。那些在短距离草坪上推杆的人，会认为自己比那些在长距离上推杆的人更需要高端的装备。

过于自信会导致比花高价买高尔夫球杆更严重的错误。不过，在进入这个话题之前，让我们从这样一个问题开始：如果在过去的几年间，你要选择一只股票进行投资，你会选择哪一只呢？我个人会选择“营养系统公司”（NutriSystem）。这是一家来自宾夕法尼亚州霍舍姆的公司，主营业务是减肥产品。它通过邮递系统向数百万想要减肥的人配送一种低卡路里的包装食品。公司的业务非常成功（如果不考虑顾客减肥效果的话）。2006 年，公司股票的年平均综合收益率在过去 3 年中高达 233%，这使它不仅在减肥行业，而且在整个华尔街，都成了一家牛气冲天的顶级公司。2003 年年底，如果一位投资者投资了

1 000 美元在这家公司的股票上，仅仅 3 年之后，这笔钱就会变成 36 855 美元。

从胖子身上获利

对于营养系统公司来说，除了它的股票表现优异，还有一件事情特别有意思，那就是它的顾客过于自信。营养系统公司的典型顾客是这样一个群体，用华尔街分析师的话来说，就叫作“持续减肥者”，即那些总在努力减肥，但总是减肥失败的人。他们大多数（80%）都是女性。她们的平均年龄为 44 岁，平均体重是 210 磅①，她们当中大多数人开始的目标是减重 60 磅，但最后却只能减重 20 磅。一般来说，在减肥 10 周或 11 周之后，她们就会自动放弃，不再参与原来的减肥项目。

既然顾客的减肥行动遭遇失败，那么，公司是如何获得成功的呢？问题的答案在于营养系统公司就像其他许多公司一样，早就学会了如何从公众过于良好的自我感觉中赚取利润。公司不是通过捕捉“人们会做什么”来成功的，而是通过捕捉“人们相信自己能做什么”成功的。在营养系统公司的案例中，这种信念就是受到公司广告的影响才被煽动起来的。公司典型的广告模式就是推出一些成功的减肥案例，比如美国职业橄榄球大联盟的前四分卫丹·马利诺（Dan Marino），他在广告中说自己成功地减重 22 磅；还有转型为娱乐与体育节目电视网（ESPN）评论员的防守型前锋队员迈克·高利克（Mike Golic），他说自己成功减重 51 磅。

---

① 1 磅约为 0.45 千克。——编者注

但是，如果你仔细观察这些广告，你就会发现，在很不起眼的地方有一句免责声明：“本产品并非对所有人有效。”你可能会想，这不就是劝诫潜在的消费者，通过参加公司提供的项目难以达到那么好的减肥效果吗？并非如此。对于那些满怀期望的消费者来说，这种警示根本不起任何作用。因为，大多数人都认为自己根本不是“最普通”的那种消费者，他们都认为自己是一般人里更出众的那一个，并且他们认为他们参与减肥项目的效果也同样如此。

不去上的健身课，你为什么还会付费?

从这种意义上来说，营养系统公司经营的并不是减肥业务，它从事的是“希望工程”。你会发现，银行、健身俱乐部，还有其他许多行业都是一样的。在美国，健身是一个营业额高达数十亿美元的行业。根据一项估算，每年将近 3 300 万人会为这个行业投入共计 120 亿美元，其中大多数消费者都会参加俱乐部提供的会员计划。他们是不是在浪费自己的金钱呢?

为了找出这个问题的答案，戴拉维格纳和自己在加州大学伯克利分校的同事乌尔丽克·马尔门迪尔一起进行了一项专题研究。他们仔细考察了美国的健身俱乐部，考察细化到了 8 000 名俱乐部会员在 3 年中每天的参与情况。就像你和我一样，这些给俱乐部送钱的人，当初面对的是 3 种会员身份的选择方式：

1. 一份为期一年的协议
2. 一份为期一个月的协议
3. 按照参与次数结算，经常是每 10 次一结你会选择当中的哪一种方式呢？

如果你和大多人一样，你选择的应该是以一年或一个月为期的结算方式——当然，这样做意味着你也为俱乐部捐款了。这是因为，就像那些减肥者一样，健身项目的会员也都倾向于对自己过分自信。他们相信自己能经常去健身，但实际上他们根本无法做到。根据戴拉维格纳和马尔门迪尔的研究，健身俱乐部会员参加活动的次数，只有自己期望的一半——每个月只有四五次，而不是期望中的 10 次。

健身俱乐部会员参加俱乐部活动的次数，只有自己期望的一半。

按照当初所签合同参加健身俱乐部活动的会员，比自己实际的消费花费更多。平均来说，戴拉维格纳和马尔门迪尔发现，每个会员会因此多支付 700 美元。像这种多付费的情况虽然不是普遍的，但也差不了多少。甚至选择按月结算的会员有 80% 左右都不如按每次计费来得合算。那么，他们为什么还会这样做呢？

“最根本的一个原因就是，人们会高估他们的自我控制能力，”戴拉维格纳说，“人们希望自己能够做到的事情和真正能做到的事情是两回事，但人们却把它们弄混了。”换句话说，你犯了和营养系统公司的顾客同样的错误。

有趣的是，戴拉维格纳研究的这些付费合同在美国的健身俱乐部并不是一直如此。早在 20 世纪 50 年代，许多健身俱乐部还都是按照逐次计费的方式运营的，公司通常会少量地发放一些优惠券，顾客可以在入口处将其兑换成现金。但是，随着俱乐部转向使用电子付费系统，店家就可以监控顾客参与项目的行为模式，于是优惠券的方式就被刚才提到的协议方式取代了。

戴拉维格纳认为，随着时间的推移，健身俱乐部和其他行业的经营者一样变得聪明起来，他们已经学会通过设计不同的付款方式，来从消费者对自身无法摆脱的过度乐观中获利。“企业通过许多方式从这种情况中捞取好处，”他说，“消费者应该意识到这一点，让自己也精明起来。”

但是，说起来容易做起来难。就像在草坪上短距离推杆案例中的情况那样，在我们的过度自信被别人觊觎的时候，要我们保持头脑清醒并不总是一件容易的事。在开始费用很低的时候，我们就已经被麻痹了，还觉得沾沾自喜。为什么拉斯维加斯的旅馆那么便宜？为什么移动通信公司的资费方式常有“免费赠送”的通话时间？其中必有原因。赌场和通信公司都知道，你会高估自己的自控能力。你会连续好几天逛赌场，你的实际通话时间会比自己感觉的更长。毫无疑问，当你这么做的时候他们就赚了，而你亏了。

信用卡如何利用你的过度自信？

信用卡公司会给你提供非常诱人的利率——很低的初始利率，经过一段时间，比如 6 个月之后，利率会变得很高。根据美国联邦储备委员会的资料，美国每个家庭平均的信用卡债务大约为 8 500 美元。可能你也有一些这样的负债，也希望减少自己所付的利息。假设你今天去看自己的邮箱，在里面发现了以下 3 张提供给你的信用卡，你会选择使用哪一张信用卡呢？

- 第一张信用卡前 6 个月的还款利率是 6.9%，之后的利率是 16%。
- 第二张信用卡在前 6 个月的还款利率是 4.9%，之后的利率是 16%。
- 第三张信用卡在前 6 个月的还款利率是 6.9%，之后的利率是 14%。

有人专门研究了美国一家主要的信用卡发行公司。在 20 世纪 90 年代，它就通过这种直接发送信件的方式来诱导消费者使用其信用卡。总体来说，在公司发出的 200 万份信件中，只有 15 000 份发挥了作用，也就是说，有 15 000 个人开设了新的信用卡账户。这意味着，在接到这样的信件后，有 99% 的人可能直接就把它们扔进了垃圾箱。那么，信用卡发行部门为什么还要这样做呢？

一个原因是，银行了解剩下的那 1 % 的人的心理。对于这一群人来说，他们会直接锁定第二种信用卡的利率方式。借款开始的前 6 个月的利率最低，只有 4.9%，选择这种利率方式的人数比选择其他方式的人数多一倍多。为什么呢？

问题的答案再一次归咎到人们的过度自信上。就像满心希望在营养系统公司减重 60 磅，但最终只减了 20 磅的那些人一样，这些信用卡的申请者认为自己一定能在 6 个月之内还清欠款。结果就是，那些对此种信用卡还款方式做出反应的申请者，把注意力放在了之前 4.9% 的低利率上，而不是后续 16% 的高利率。但是，就像营养系统公司的顾客一样，对未来的过分乐观自信，并没有让人们得到好的报偿。大多数人都不能在低利率的还款期限内还清欠款，只好眼睁睁地看着自己忍受后面高利率的折磨。

了解自身的局限

如果你看过电影《紧急搜捕令》，你肯定会记得克林特 · 伊斯特伍德扮演的硬汉侦探哈利 · 卡拉汉。在电影的结尾处，主角让坏蛋得到了应有的下场，毙命于他的枪口之下。这时候，他说了一句非常有名的台词："人应该了解自身的局限！"

这是一条很好的建议。

关于判断一个人是否过度自信，社会科学领域的专家们提出了一个术语，就是“校准”（calibration）。校准可以让人衡量自认为拥有的能力和真实能力之间到底存在多大的差距。如果你和自己想象的一样好，那就可以说，你具有很好的校准能力；如果你并不像自己想象的那么好，那就可以说，你的校准能力还不够好。

我们大多数人都倾向于高估自己的能力，尤其是对于一些非常重要的技巧来说，例如赖以谋生的工作技能。美国陆军在许多年前就发现了这一点。在佐治亚州的本宁堡基地，士兵们曾被问及一个看似外行的问题：“你觉得自己的射击水平怎么样？”答案再正常不过了，大多数士兵的回答是，自己的射击水平很高、很厉害。他们认为，自己用 M-16 自动步枪在部队射击训练考核中的成绩会非常突出。接下来，每一个回答过该问题的士兵进行实弹测试。射击测试结束得出真实的打靶环数被用来和士兵最初对自己的预测进行对比。结果并不理想：有 75% 的士兵预测的环数都高于自己的实际成绩。此外，每 4 个士兵中至少有 1 个成绩很差甚至不及格，没能通过训练考核。对这一结果所做的报告总结说，士兵们“一般都会高估自己的表现”，“而且他们都过于自信地认为自己会取得成功。”

> 大多数人的自我认知都不准确——我们并没有自己想象的那么厉害。

更为奇异的是，陆军的评论认为，有一组士兵对自己的预测是较为准确的。哪一组人呢？平时射击水平最差的那些人。可以确定的是，这是人数很少的一组。在参加测评的 153 名士兵中，只有 5 个人预测自己会不及格。不过，他们的预测还是很准确的。其中 3 个人确实没有及格，另外两个人只是勉强过关。

对此，研究者只能说："那些预测自己会失败的人的自我评价是非常准确的。"

研究人员已经发现，无论收入、智力状况和受教育程度如何，各个行业的人的"校准"水平同样糟糕。例如，在美国陆军对本宁堡的士兵进行测试后不久，研究人员就在威斯康星大学做了一个类似的实验。不过，这一次不是射击测试，而是测试学生们更擅长的内容：阅读一个文本段落，然后评估自己的理解程度——看是否能够从该段落中得出合理的推断。接下来，学生们就接受测试，看他们是否能正确地理解该段落。你可能已经猜到了，和那些士兵一样，学生们的表现也不理想。

"测评的结果非常糟糕，"研究人员说，"读过那些段落的学生，并不能确定自己到底读懂了多少，到底没有读懂多少。"加油，威斯康星人！

天气预报员能教给我们什么？

然而，有这样一个群体，其成员都有着良好的"校准"水平，对自身的能力具有非常清醒的认识，那就是天气预报人员。想知道他们是如何做到的，就需要提到一个地方——位于美国新墨西哥州的不明飞行物研究圣地罗斯威尔，还要提到一位许多年前在这里做天气预报工作的年轻人，克里夫·哈伦贝克。哈伦贝克从学校毕业后，陆续换了很多工作：铁路工人、杂货店职员、学校教师。最终，他成了美国国家气象局的一名工作人员，并很快被派往一个遥远的观测点：新墨西哥州的佩科斯河谷地带。

直至现在，佩科斯河谷还是一片长满了紫花苜蓿的乡村地带。这里的大多数庄稼都需要用井水灌溉，农民们急需知道他们什么时候要从井里抽水灌溉，什么时候可以静候天降甘霖。前一种方式是要花钱的，而后一种方式只要看着就好了。农民还需要准确地了解什么时候不会下雨，因为他们需要较长的一段时间来去除并晒干地里的紫花苜蓿。因此，单单告诉农民哪天可能会下雨并没有太大用处，那样的话，他们还是要冒很大的风险。他们需要知道某天下雨的概率到底是 50%、75%，还是 100%。于是，哈伦贝克在佩科斯河谷地带预报天气时，就开始把这些概率告诉大家。那是在 1920 年。

经过了一段时间之后，这种利用概率预报天气的方式流行开来。1954 年，康涅狄格州的哈特福德市开始采用这种方式，定时向公众提供天气预报；1956 年，圣弗朗西斯科也随之效仿；洛杉矶在 1957 年也紧随其后；到 1965 年，一个现在被称为“国家预报服务”的部门开始了一项全美推广项目。在这个推广项目中，这种提供某类天气出现概率的方式得到了普遍采用。在所有应用领域中，这个项目是第一次开始如此大规模地运用概率，而且持续到今天也没有出现过什么改变。

天气预报人员建立了一种长期的量化的天气预测跟踪记录。当然，他们还有另外一种实际天气情况的记录：那一天到底下没下雨。人们把预测记录和实际天气状况的记录一一比对后发现，天气预报人员预测的准确性显得非常突出。有人对一个地区两年中超过 150 000 次天气预报进行了研究，研究结果显示：天气预报人员预测的准确率几乎是 100%。比

> 研究结果显示：天气预报员的预测准确率几乎是 100%，如果预测有 30% 概率会下雨，那么下雨的概率几乎就是 30%。

如，美国天气预报人员预测说有 30% 的概率会下雨（在该研究中有 15 000 次），那么下雨的概率几乎就是 30%。

反馈的作用

为什么天气预报能做到这么精确，而其他行业却做不到呢？答案与一种可以有效克服自信过度的手段有关，那就是进行快速、准确的反馈。什么是反馈？简单地说，反馈就是发出一个信号。反馈会让某一行为的信号发出者知道他们到底做了什么，以及这种行为取得了什么样的效果。在信息科学和控制论中，反馈是一个几乎人人皆知的概念。这就是电话机为什么会有按键音，在你按键的时候会发出“嘟、嘟”的声响——这个反馈就是让你知道，你是不是按了正确的按键。

反馈可以强有力地塑造我们的行为。这就是为什么老虎机总是马上吐出你赢得的钱。赌场希望你继续赌博，不要停下。因此，你赢钱的时候得到的并不是一张要等一个月再寄给你的支票，你得到的是现钱。这就是即时的反馈。

在一些过度自信的情况下，信息反馈的强度经常很低——无论是在数量上还是质量上均是如此。还记得去健身房锻炼的例子吗？看到有那么多健身俱乐部会员在浪费自己的金钱，研究者戴拉维格纳的头脑中一直有一个疑问：“为什么成年人会犯这样低级的错误呢？”他觉得，这些人已经有那么多生活经历了，应该学会如何进行自我控制了，可事实却并非如此。这个问题的答案和反馈信息过于微弱有关。

> 在过度自信的情况下，信息反馈的强度经常很低。

就像其他信号一样，反馈信号有的很强，有的很弱。如果你正在拨打一个电话号码，恰好得到对方占线的信号，这就是一个很强的反馈，表示电话在忙，你立刻就知道了，不需要再做任何猜测。然而，当你不去健身俱乐部的时候，反馈的信号就很微弱，你并不能明确地知道自己为什么没有去。当反馈很弱的时候，这个信号就很容易被忽略或歪曲。你没有按时去健身俱乐部，这时候，反馈的信号是我们很懒。但是，我们并不喜欢这样的信号，于是我们就把它忽略了。

“人们努力想要忽略这种反馈信号，因为这着实会伤害自己的情感。”戴拉维格纳说。于是，我们就通过把错误归结为其他原因的方式来歪曲这种信号。比如，没有按时去健身俱乐部，我们并不认为是自己懒惰，而是出于某些其他方面的原因（孩子病了或者诸如此类的理由）。

在某些行业，这种反馈的信号还尤其适合被歪曲。例如，公司理财。当一个人决定买一只股票，甚至购买整家公司的时候，可能在数年之内都很难知道这个决定是否错误。到你发觉事实真相的时候，那些应为此错误负责的人早就跳槽到其他公司了。留下的人所做的，就相当于我们在上面的情况中抱怨孩子病了导致自己哪儿也去不了，他们倾向于把出错的原因归结于自己能找到的任何借口。

巴菲特最严重的一次失误

另外一个有趣的案例与德克斯特公司有关。这是一家缅因州的制鞋企业。亿万富翁、著名投资家沃伦·巴菲特，与他长期的合作伙伴查理·芒格，在 1993 年花了 4.33 亿美元购买了这家公司。当时，巴菲特认为这是一笔绝佳的交易。他告诉自己公司的股东们：“在查理和我看来，它是我们见到过的管理最完善的一家公司。”

而到 2008 年，巴菲特在这件事上改变了自己的说法。

“截至目前，”他告诉股东们，“德克斯特是我做得最差的一笔交易。”

怎么回事呢？在达成这笔交易的数年之间，在巴菲特看来，德克斯特公司本来可以持续拥有的竞争优势已经消失殆尽了。

“但这还只是一个开始。”巴菲特说。他购买这家企业支付的不是现金，而是伯克希尔·哈撒韦公司[①]的股票——准确地说，是 25 203 股 A 级股票。他说，因为使用的是股票，他让自己的这个错误变得更像是个黑洞。这一举措令该公司的股东们付出的不是 4.33 亿美元，而是 35 亿美元。“就本质而言，我交出的是 1.6% 的价值不菲的公司业务——现在公司的总价值是 2 200 亿美元——换来的却是一桩一文不值的赔本生意。”

这个错误之所以有趣，原因很多。第一，这是一个连巴菲特自己都承认的错误（并不是所有的公司高管都会这样做）。第二，巴菲特对这个错误做了很具体的解释（错误地计算了公司竞争优势的可持续性）。这表明，他已经花了一些时间来思考这个问题，如同为什么没有去健身俱乐部的原因那样，而且他很诚实地确认了自己得到的信息反馈。第三，可能也是最不明显的一点，就是伯克希尔·哈撒韦公司的管理团队。这支团队一直没有发生什么变化——无论是处于顶端还是底层的工作人员。巴菲特从企业创始之初就是它的掌舵人，而在他手下经营着 40 多个业务部门的高管几乎从不离职。（“在我们公司 42 年的历史中，有多少个高管主动离开我们去寻找其他工作了？”巴菲特在

① 伯克希尔·哈撒韦公司是 1956 年由沃伦·巴菲特一手创立的一家著名的保险和多元化投资集团，总部在美国。该公司是一家混合型公司，主营保险业务，在其他许多领域也有商业活动。2005 年，比尔·盖茨也加入了该公司的董事会。——译者注

2006 年致股东的信中写道，“准确地说，一个也没有。”)

简单来说，公司的管理人员在自己的工作岗位上停留的时间都很长，这可以给他们足够长的时间来获得信息反馈，并从这种反馈中得到避免再次犯错的经验。这可能有助于解释，为什么在那么长的时间里，伯克希尔·哈撒韦公司的业绩有那么优异的表现。1964—2007 年，公司的总收益增长了 4 008.63 倍。比较一下，同样的时段内标准普尔 500 指数的表现，即使包括分红在内，也只是增长了 68.4 倍。

伯克希尔·哈撒韦的管理团队一直没有发生什么变化。在工作岗位上长期稳定的经历，足以使他们接受回馈，并从中得出避免再次犯错的经验。1964—2007 年，公司报告的总收益增长了 4 008.63 倍。

尽管拥有如此卓越的成绩，作为全球最富有的人，巴菲特表现出的谦逊还是大大超乎人们的想象。他在写于 2007 年的一封信中说道：“将来我还会犯更多的错误——你完全可以确定这一点。”①

赌注背后的原理

奇怪的是，当任务变得越来越难以完成的时候，我们的自负程度不是会降低，而是会进一步增高。你可能会想，不应该是这样吧。但确实如此。在面对巨大困难时，自信过度会朝向极端发展。即使是面

① 值得一提的是，巴菲特是一名狂热的桥牌爱好者。打桥牌的人总体上都有着非常好的“校准”能力。“你知道，”巴菲特曾有一次开玩笑说，“我打桥牌的时候，即使有一位裸体美女从身边走过，我也根本注意不到。”

临几乎不可能完成的任务，比如让你分辨哪些画是亚洲的孩子画的，哪些画是欧洲的孩子画的，人们通常都认为自己可以有很好的表现，然而实际上根本不是这样。

我们相信自己能力的这种信念实在是太强大了，以至于有些人甚至会相信，自己可以控制一些纯粹的偶然性事件，比如掷硬币或者抓扑克牌。在许多年前，艾伦·朗格（后来是哈佛大学的一位教授）做过一项非常有名的实验。这一系列实验向人们展示出来的就是这样一种倾向。朗格的实验是针对耶鲁大学的一群学生做的（他们应该更有自知之明），在实验中，他让这些本科生和另外一个同事玩一个游戏。这是一个很简单的游戏：每个人从扑克牌中抽出一张，谁的牌大，谁就算赢。在每一轮比赛中，学生们都可以下一次赌注，赌注只要在 0 美分到 25 美分之间就可以。

但是游戏里面有一个玄机。和耶鲁的这些学生一起玩游戏的人，有的衣冠楚楚，浑身上下散发着强者气息，而有的则看上去智力低下，穿着不合身的运动外套。无论游戏者是谁，从扑克牌中抽到一张大牌的概率都是一样的，毕竟，扑克牌不会介意玩家到底是什么样的人。可是，学生们却会受此影响，这是很重要的一点。当学生们和看似智力低下的对手玩这个游戏的时候，他们对自己能够抽到大牌这一点变得更自信。一个人所下的赌注可以看作他自信心的反映，在和那些衣衫不合体者玩牌的时候，学生们下的赌注总是要比和那些衣冠楚楚的对手玩牌时更高。

在掷硬币的测试中，朗格发现了与此类似的效果。这个游戏之中当然也有玄机。一些人掷硬币，学生们在硬币停留在空中没有落地的时候，就要喊出猜测的结果——正面或是反面。受试者不了解的是，他们的猜测结果实际上是被掷硬币的那个人操控的。一些学生会被告知，他们最开始几次的猜测结果都是正确的；而另外一些学生则会被告知，最初几次的猜测结果都是错误的。

最初几次的猜测成功会对学生的自信心产生强大的影响。用不了多久，那些被告知猜测正确的受试者就会感觉自己在猜测硬币正反面的时候，能够超越自然的概率，猜对的概率能够超过一半。更有意思的是受试学生们所做的评论，有 40% 的学生觉得，他们只要多加练习就可以切实提高猜测的准确性。朗格给这种现象起了个好听的名字，就叫“控制的幻觉”。

信息过量对人们的误导

为什么会出现这种幻觉呢？答案之一在于过量信息的误导。我们读到（或听到、看到）的东西越多，就越容易认为自己的认识更加深刻。但是，就像我们在上面看到的，实际情况却并非如此。真实的结果是，我们只是变得更加自信了，但对事物的了解却没能真正深入。

举例来说，对于信息的概述或总结，往往与同样内容的长篇大论有着相同的效果，有时候效果甚至还会更好。卡内基·梅隆大学的研究人员做过一系列实验，实验的内容是，用大学课本中 5 000 个单词长度的内容和 1 000 个单词长度的对该部分内容的概述来进行对比。文章的内容五花八门，有的是俄罗斯历史，有的是非洲地理，有的是宏观经济学等。尽管内容各异，但实验最后的结果却是一样的：在对所有内容的测试中，受试者接受概述的效果都比原文好。学生们在给定的 20～30 分钟的时间里，从内容概述中学习到的东西要比从原文中学到的更多。不管测试是在阅读结束 20 分钟后还是在一年之后进行，得出的记忆效果相较而言都是一样的。也就是说，在任何一种情况下，学生们对章节概述内容的记忆都要比对原文内容的记忆更为牢固。

> 学生们从每章内容的概述中，要比从原章节的具体内容中学到的东西多。

但是，我们在内心深处并不愿意接受这个事实。我们的大脑似乎有一种内在的冲动，想要获取过量的信息，无论这些信息对我们是否真的有帮助。的确，信息过量已经成了一种陈词滥调。现在，信息几乎铺天盖地，从计程车座位背后的电子屏幕，到健身器材上安装的电视，再到从电子邮件中突然冒出来的关键词提示。无论何时何地，我们都渴望获得比别人更多的信息，尤其是在赌马的时候，你对与此有关的任何信息都会备感珍惜。

信息充足不等于准确度，但等于自信度

“喜欢赌马的人，对信息的需求就像瘾君子对毒品的需求。”吉尔·伯恩说。在世界著名的肯塔基赛马会发源地丘吉尔·唐斯公司，伯恩是那里的两位赛马优胜预测师之一。在“赛马电视网”（TVG）上，她也经常作为赛马优胜预测师露面。总之，她的工作就是告诉赌马的人，哪一匹马更有可能赢。和股票分析师，以及其他靠预测将来谋生的人一样，伯恩也经常会犯错误。伯恩在丘吉尔·唐斯公司的预测成功记录是 32%，尽管这个数字低于 50%，但按照赛马优胜预测师的标准来说，这已经是很好的纪录了。

伯恩把自己在赛马预测上的技巧归功于独特的成长经历。当她还

是个孩子的时候，她身边所有的事情就都和马有关系。在弗吉尼亚州的夏洛特斯维尔，两岁的她就在自家的马场上骑马。7 岁的时候，她就和自己的妹妹一起养马。伯恩 12 岁的时候，她的父亲——纽约的一位驯马师——就让她第一次作为骑师踏上赛马会的跑道。读大学四年级的时候，伯恩的父母离婚了，于是她退学和父亲一起搬到了纽约。她父亲的大部分时间都是在贝尔蒙特和萨拉托加度过的。她说："当时，退学看上去是一个激动人心的选择。"

每一年，伯恩都需要仔细考察数千匹参赛马匹的情况。肯塔基赛马会在每年 5 月的第一个周六开赛。对于这样的重大比赛，伯恩从赛季开始前一年的 10 月就着手准备做调查研究了。她会最终选出三四匹马。对于其中的每一匹，她都能轻松地分析出独立的数百条信息。举例来说，她不仅会分析那匹马的既往表现，还会分析其父母、祖父祖母，甚至兄弟姐妹的表现，看它们是在长道赛还是短道赛中的成绩更好；更喜欢泥土跑道还是草皮跑道；如果下雨了，它们在泥泞中奔跑的表现如何。她还会观察这些马的竞争对手，并以此来判断它们能否面对更强劲的对手。"它们在那场比赛中的速度是多少？那匹马是否喜欢领跑？同场出现的马匹中，有多少匹马也喜欢跑到最前面，并对它形成竞争？或者那匹马是否在落单的时候发挥得更好？它是否在独自领先后，在没有压力的情况下跑得更好？"

想要回答这些问题，就需要时间进行分析。伯恩每一次做出选择都需要花大约 50 个小时的研究时间。不过，用于分析的那些信息到底能起多大作用呢？

很多年前，时任俄勒冈研究所研究人员的保罗·斯洛维克就提出了同样的问题。他想要测试的正是像伯恩这样的专业赛马预测师的预测能力。在斯洛维克的实验中，赛马预测师可以使用"过去战绩表"

来做预测。这些马匹的战绩表类似《每日赛马快报》上的资料，这些战绩表能够提供每一匹赛马当前及过去的将近 100 条信息。

在斯洛维克的研究中，8 位赛马预测师要对 40 场比赛的结果进行预测。（顺便提醒大家，他们预测的都是真实的赛马比赛，这样，斯洛维克就可以比较预测和实际结果的差别了。）最初，在赛马预测师预测比赛成绩的时候，只允许他们使用每匹马的 5 条信息。这 5 条信息可以是任意的——比如，骑师的体重、马匹在比赛中夺得第一名、第二名和第三名的情况。接下来，实验者允许赛马预测师使用每匹马的 10 条信息来预测比赛的结果。依此类推，赛写信息增加到 20 条，随后是 40 条。

使用 40 条信息的时候，并不比使用 5 条信息时的预测准确度高——但是（这是个重要的“但是”），使用更多的信息会显著地提高他们对自己预测的自信度。

使用更多的信息会让赛马预测师的预测结果更准确吗？

不会。

使用 40 条信息的时候，并不比使用 5 条信息时的预测准确度高，但是（这是个重要的“但是”），使用更多的信息会提高赛马预测师对自己预测的自信程度。自信度从使用 5 条信息时的不到 20%，提高到使用 40 条信息时的 30%。

管理者的决心

当然，这种倾向并不仅仅出现在赛马会的赛道上。公司管理者通常在他们觉得熟悉的领域表现出同样过度的自信。霍顿公司是美国最大的房地产公司之一，总部设在得克萨斯州的沃斯堡。让我们来听听它的首席执行官唐纳德·汤姆尼兹是怎么说的吧！汤姆尼兹曾是银行家、陆军上尉。2005 年 12 月，他曾大胆地宣布："我们公司可以克服任何经济波动的影响，只有经济大萧条那样的危机除外。"

许多人相信了他。投资者把数十亿美元投给霍顿公司，公司的股票很快就涨到了接近历史最高纪录的水平。汤姆尼兹所说的大萧条根本没来，但房地产的危机来了。很快，霍顿公司的盈利开始大幅缩减，而且超出任何人可以想象的程度。到 2007 年夏——汤姆尼兹狂妄的言论出口仅仅 19 个月之后——霍顿公司的股票上市交易在 15 年来第一次在季报中出现了亏损，还是一个巨大的亏损数字：8.24 亿美元。更大的亏损还在陆续涌现，这使得公司的市场价值大幅缩水。在汤姆尼兹说那番大话的时候，霍顿公司的每股价格是 36 美元，到 2008 年夏，这个数字已经变成了 12 美元左右。

显然，汤姆尼兹的自信有些过头了。对于这类公司管理人员过度自信的问题，宾夕法尼亚大学沃顿商学院的保罗·舒梅克和康奈尔大学的 J. 爱德华·罗素早已做过多年的研究。他们的研究结果表明，在公司经营中，过度自信的情况非常普遍，而且已经构成"管理决策制定过程中的一大隐忧"。

他们为什么会这样认为呢？这个观点是经过多年仔细的研究得来的。他们在研究过程中设计了自信度小测试，并用这种方式来衡量人们的"元知识"——对于我们到底知道什么、不知道什么的认知。就本质而言，它就是一种"校准能力"的测评。这个小测试一般包含 10 个问题，在被问到每一个问题的时候，接受测评者都可以划定自己对答案的自信度范围。举例来说，一个问题可能是这样的：你认为尼罗河有多长？如果你认为尼罗河的长度是在 500～600 英里之间的把握有

90% 的话，你就可以写下答案“500～600 英里”。

舒梅克和罗素把这些测试拿给从事各种行业的人员。这些测试的性质各不相同。有时候，测试的都是一般的知识，比如，某一年政府颁发的专利数目是多少，或者是从纽约到伊斯坦布尔有多远。问卷中的具体问题大多是根据受测试者所在的具体行业设置的，有时候甚至是为在特定企业工作的人设置的。你可能会想，这样做的话，从事该行业或在该企业工作的人，岂不是会在回答问题上具有优势？毕竟，人们认为公司管理者会更了解自己所在的行业或者公司，而且肯定比对有关世界通识方面了解更多。但测试的结果是并没有什么差别。

“每一组人都相信，他们对自己所在行业或公司的了解比真实情况更多，但实际上却并非如此。”这就是研究得出的结论。

还是举例来说吧。在针对广告行业管理者的测试中，对答案有把握的人的比例是 90%。这意味着，参加测试的人本来应该出错的概率是 10%，但他们实际出错的情况是 61%。在计算机领域，参加测试的人本来应该出错的情况是 5%，但实际出错的情况是 80%。（顺便说一下，在以上两种情况中，问卷中的问题都是根据受测试者所在行业的具体情况而特别设置的。）

已经有超过 2 000 人参加了罗素和舒梅克的测试。舒梅克说，其中超过 99% 的人存在过度自信。

第11章

怎样跳出思维定式

你可以和朋友一起玩一个“挂蜡烛”的游戏：准备一盒火柴、一盒大头钉和一根蜡烛。任务是把蜡烛固定到墙上。你该怎么做呢？你能摆脱自己的思维定式，找到最佳方案吗？

如果我们的自我认知可以随着时间的推移而逐步改善，那现在谈到的许多问题可能就会迎刃而解。不幸的是，我们的这种能力并不总能与日俱增。职业高尔夫球联盟做过一项测试，测试的结果就是最有力的证明。20世纪80年代末，职业高尔夫球联盟的工作人员悄悄进行了一次高尔夫球手的推杆能力测评。总体上说，推杆是高尔夫球运动中的一项关键技能，它在所有击球次数中占了大约43%。职业高尔夫球联盟想要知道，当时世界上水平最高的选手打出6英尺距离推杆的比例是多少。在《体育画报》的资助下，职业高尔夫球联盟对1988年下半年15场锦标赛的推杆情况进行了追踪。在每一场锦标赛上，他们都选择一块比较均匀且相对平坦的草坪来进行测验。在接下来4天的比赛中，选手每一次推杆的情况都被记录在案。

不要盲目相信专家

职业高尔夫球联盟一共记录了11 060个推杆数据。（由于统计上的原因，其中的2 593次是18英寸[①]距离内触球入洞的情况，它们均不在被考虑之列。）在余下的记录中，有272次是6英尺距离内推杆。那么，这些世界上最棒的职业高尔夫球手的表现如何呢？

研究的结果表明，准确地说，入洞率只有54.8%。[②]这个数字本身并没有多让人惊奇。而美国高尔夫球联盟这个在美国居主导地位的高

① 1英寸为2.54厘米。——编者注

② 对职业高尔夫球手的研究也得出了其他一些有意思的结果。奇怪的是，当高尔夫球手在同样的距离推杆的时候，打标准杆时的成功率要比打小鸟球时的成功率更高，在有些时候，会高很多。比如，在5英尺的距离，成功率会高25%。这说明，即使是最优秀的高尔夫球手，也会受到心理压力的影响。另外一项对篮球运动员罚球命中率的调查也得出了类似的结论。

尔夫球运动团体，也曾在 1963 年、1964 年和 1988 年的全美公开赛上做过专门的测试，测试的结果和刚才得出的数字几乎一样。

那些参与职业高尔夫球联盟比赛的选手的表现，才是测试中最有趣的部分。他们大多数人都猜测自己在 6 英尺距离推杆入洞的成功率至少是 70%。巡回赛中的一名新手、曾获美国业余选手锦标赛冠军的比利·梅法尔是一个很好的推杆手，他认为 6 英尺距离推杆入洞的平均成功率应该在 80% 左右，而且自己的成功率应该在 91%～92% 之间。一位资深选手戴夫·巴尔说："如果你在 6 英尺距离推杆入洞的成功率不足 85%，作为一名职业人士，你从这项运动中就赚不到一分钱。"当被告知实际的平均入洞率只有 54.8% 时，巴尔说："我绝不相信这是真的。"

其实，大多数人也不相信。人们往往自我感觉良好。但是，在你仔细观察过那些职业选手的击球记录之后就会知道，他们其实并没有自己吹嘘的那么厉害。在面对某些特定任务，尤其是那些与判断和预测相关的事情时，专家们的业绩比他们愿意承认的差得多。有一项研究表明，把用以判断脑部损伤的资料分别拿给临床心理医生和他们的秘书，心理医生得出的诊断结论并不比他们的秘书好多少。

在你仔细观察过那些职业选手的击球记录之后就会知道，他们其实并没有自己吹嘘的那么厉害。

那些给我们提供财务建议、进行财务分析的专业人士，其表现要比心理医生差。在仔细检查这些分析师对跟踪企业所做的预测之后，研究人员发现，他们的预测记录不仅让人失望，而且随着时间的推移会变得越来越糟。1980 年，这些分析师所做预测的误差率是 30%；到 1985 年，他们的误差率则上升到了 52%；到 1990 年，误差率竟然达到了 65%。①

把其他领域专业人员的预测和精算模型（尤其是计算机模型）进行对比，大致也会得出与此相似的令人失望的结果。美国加州理工学院的科林·凯莫勒教授对此进行了综述，他说，在这方面有 100 项左右的研究。“专家确实在少数领域有着更好的表现。”凯莫勒的综述覆盖了一系列领域，包括大学招生、再度犯罪、医学诊断等。在某些情况下，专家确实能比新手做出更准确的判断——不过，他们的表现很少好过简单的统计模型。

“我们从这些研究中会得出一个让人不太高兴的结论，”凯莫勒写道，“那就是，大多数临床和医学专家的判断比那些稍微受过一些训练的新手高明不了多少。”

这样的结论看起来很谦虚，但事实并非如此。一项对政治家预测全球重大事件的测试表明：“专家和非专家一样，前者只是比事物发生的纯自然概率稍稍精确一点儿而已。”两者之间最关键的差别在于他们对自己能力的看法。

> 研究最后得出的结论是：大多数专家的自我感觉都过于良好了。即使面对与自己的判断完全相反的证据，专家们还是会努力“让自己相信，自己基本上是正确的”。

研究的结论是：大多数专家的自我感觉都过于良好了。即使面对与自身的判断完全相反的证据，专家们还是会努力“让自己相信，自己基本上是正确的”。

① 金融分析师的意见通常朝着某一个方向倾斜：在大约 95% 的情况下，他们都是在推荐投资者购入或者持有某些股票，他们几乎从不向公众说明何时应该抛出。为了调整自身对股票评级上的盲目乐观，美林证券从 2008 年开始要求分析师对其跟踪的 20% 的股票做出“表现不佳”或者“抛售”的评定。

练习，练习，再练习

既然许多专业人士的表现总是那么变幻莫测，那么我们很自然地就会想知道：是什么因素能够真正把一名专家和普通人区别开来呢？美国军方对这个问题展开了调查，结论是，那些专业的高手确实比普通人更深谋远虑。就像象棋大师或者其他领域的超级专家那样，飞行员们可以预见一个动作在 5 个或 6 个步骤之后的效果，也就是说，他们能够比普通人更深入地思考一个问题，并能更加迅速地做出反应。但是，他们是如何获得这种能力的呢？

安德斯·艾里克森说，这种能力主要是通过存储大量记忆信息获得的。艾里克森是佛罗里达州立大学的心理学教授，是研究“专家”的专家。在过去 40 多年的时间里，他研究了许多不同领域的专业人士，从服务员、棋手、飞行员到音乐家。他发现，无论是哪一个领域的专家，通常都具备一些共同特征，其中之一就是，他们都是从很小的时候就开始从事相关专业的。大多数世界顶级的演奏家都是在 6 岁之前就正式进入自己的专业领域了。另外一个特征是，天赋并不像人们想象的那么重要，无论是身体方面的，还是头脑方面的。比如，智商测试的水平，无论是对艺术家还是对科学家，以及任何精深的专业领域工作者的个人表现，都不能做出很好的解释。除了身高，没有足够的证据表明其他先天素质对于健康的成年人在体坛取得好成绩是绝对必要的。

> 专家，就是做过大量练习的人。无论在哪一个领域，人们的普遍看法都是，只有经过 10 年左右持续不断的努力，才有可能成为世界范围内的顶级专家。

但是最为重要的还是练习。专家，就是做过大量练习的人，无论在哪一个领域，人们的普遍看法都是，只有经过 10 年左右持续不断的努力，才有可能成为世界范围内的顶级专家。艾里克森和同事们研究的一组专业人士是小提琴家。那些水平最高的青年和中年小提琴家，到 20 岁左右的时候就已经做了超过 10 000 个小时的练习。通过比较，另外两组同年龄的、成就稍差一些的小提琴家，在相同的年龄所积累的练习时间分别为 2 500 个小时和 5 000 个小时。

头脑里的大型图书馆

然而，并非所有的练习都能奏效。经历和经验并不是一回事，日复一日简单地重复同一项工作，并不能保证你会做得更好，艾里克森这样说。真正有效的练习，需要不断地导向提高自己良好表现的记忆。当你做对时，你就要不断地、有目的地加以练习，你就会得到大量专业知识，就像一座图书馆，练习者随时都可以从头脑中调取。这一点是非常重要的，因为头脑中有这样一座大型图书馆的存在，专家才可以迅速辨识出普通人无法辨识的模式。很多年前，研究人员在一项经典研究中发现，棋手身上就具备这种能力。在这项研究中，两组不同的棋手被要求在一场棋局的中盘看一下棋盘。其中一组是超级精英，他们都是象棋界的超级大师，这些人一般都积累了 30 000 个小时的对弈经验。另一组的经验稍差，但依然是象棋专家，他们积累了 3 000 个小时的对弈经验。在扫过一眼棋盘后，大师们几乎都能精准地告诉你棋盘上每个棋子的位置。但是，后一组棋手的表现就不是那么准确了，

> 专家的标志，是对特定模式的把握。这可以让他们预判事物的进展，并迅速做出回应。

对于棋子的位置，他们能准确记住的仅在 50%～70% 之间。

是什么因素导致了这种差别呢? 并不是简单地因为那些象棋超级大师都有着更好的记忆力。这么说是因为研究人员随后又对这两组棋手做了另外一项测试。这一次，棋盘上的棋子随意而混乱地摆放，没有任何模式可言。这次，超级大师的记忆力与另外一组就没有什么差别了。换句话说，超级大师们表现出来的超常记忆力，只有在棋子摆放的位置有意义的时候才会奏效，也就是说，只有他们“大脑里的图书馆”存储了这些棋子位置的信息时才有效。

在很多情况下，专家们所具备的这种模式识别的知识都是非常深奥的。换句话说，他们大脑里的图书馆储藏颇丰，专家甚至可以自己在头脑中制造这样的模式，对局面如何进展做出判断，并迅速判断出存在的问题。比如，大师级的棋手，甚至能蒙着双眼与他人对弈，而且不会过多地影响其水平的发挥。钢琴演奏家能随时修正乐谱中的错误音符，自动地把它改成正确的。

重视说明书，而不是经验

80 多年前，爱德华·托尔曼做了一系列著名的实验。他曾是加利福尼亚大学伯克利分校的教授。托尔曼是使用实验手段研究动物“认知能力”的奠基人，也是这一领域的一位巨人。动物是如何认知周边世界的呢? 他对这个问题非常好奇。不过，解决这个问题的条件并不充分，仅仅观察一个动物会有这种反应而不是那种反应是远远不够的。他想知道的是，动物之所以有特定的反应，其背后的原因是什么。显然，我们不能问那些动物为什么要那么做。为了探索其中的原因，托尔曼设计了一系列实验。

实验之一是这样的：研究者把一只可以自由跑动的老鼠放到一座经过特殊设计的迷宫中。迷宫里只有一条路，而且很曲折，老鼠只有沿着它才可以找到食物。直接通往食物的路线很短，可以节省时间，但是这条近路却是不通的。他让老鼠在迷宫中尝试 5 次，然后重复这一实验。但是，再次试验的时候，迷宫中的路线会变动。食物还是被放在原来的地点，但是原来通往食物的路线却被封死了。不过，这一次迷宫的路线图就像车轱辘的形状，从中间的原点开始，有很多像辐条一样的路通往四周，老鼠沿着其中的某一条路径就能找到食物。问题是，老鼠会直接选择那条近路吗？

大体上可以说，老鼠会选择近路。超过三分之一的老鼠会从 18 条可选路径中直接选出那条近路——比选择其他路径的概率高得多。看起来，老鼠在很大程度上可以像棋手看待棋盘那样来看待迷宫。它们也能在自己的头脑中形成对所处局势的一种反应，并确定在许多备选方案中的最佳路径。它们在某一具体情形下的目标、路径和回报，就可以形成托尔曼所说的“认知地图”。

人类也在做同样的事情。的确，我们在生活中的很多时候，都是在想办法寻找通往所需物品的最佳路径。但是，我们又是如何做到的呢？我们大多数人都不是专家，头脑中没有那么大一座图书馆，可供我们随时调取资料。我们也没有为做好某件事而做成千上万个小时的练习。我们也并没有能力去深思熟虑。那么，普通人是怎样解决每天都要面对的“一千零一个问题”的呢？那是因为我们也会形成自己的“认知地图”——尽管不像专家那样能做到训练有素。我们的“认知地图”会更随意一些——不太像兰德麦奈利公司（美国地图行业巨头）绘制的地图，倒更像喝过几杯之后，在鸡尾酒会的餐巾纸上的涂鸦。

对这个过程的一项认识，来自史蒂夫·麦康奈尔。麦康奈尔是华盛顿的一位软件咨询师。在他上七年级的时候，艺术教师向班里的同学发出了这样一项提议：无论艺术天分如何，任何人只要严格地按照他的要求去做，就至少可以得到B的成绩。这位老师的体重有220磅，他原来当过海军陆战队士兵，他每周都要向学生们说一遍这件事，不断地提醒他们自己的这个提议。但是，麦康奈尔吃惊地发现，无论如何，班里都没有几个同学愿意按照这位老师的要求去做，他们最后的成绩没达到B。他说，从这些同学最后作品的质量来看，他们并不是由于“艺术见解不合”而拒绝听从教师的指示。但他们为什么没有按照那位教师的要求去做呢？麦康奈尔回忆说：“那些同学只是觉得，自己想要做点儿不一样的事。”

很多人都觉得自己应该“做点儿不一样的事情”。已经有许多研究表明，人们不喜欢阅读指南之类的东西，即使读了，也是忽略或并不怎么理解。比如，在一项实验中，24个成年人为一个普通家庭安装电线插座，其中只有10个人读了一下接线说明书，在这10个人中，有7个人只是阅读了说明书中检查电线颜色的那个部分，其他信息全都被忽略了。毫不奇怪，大多数人都没有完成这个测试。在参加测试的24个人中，只有5个人成功地装好了插座。

> 24个成年人为一个普通家庭安装电线插座，只有5个人安装成功了。大多数人都懒得好好阅读一下说明书。

即使是在指南非常重要的情况下，人们也常常不给予它足够的重视。比如，有这么一项研究，专门测试陪审员对法官告知他们的内容的记忆能力。这些参加测试的模拟陪审员表现得实在是太糟糕了，他们只记住了法官告诉他们的内容中的12%。

对此，人们更为青睐的方法是“自作主张”。就像安装电线插座的实验所揭示的：“即使面对完全陌生的任务，人们看起来都更愿意任由自己胡乱摸索，而不是仔细地用心思考。”

射钉枪事故

我更喜欢用射钉枪的案例来说明这个原理。射钉枪是一种钉钉子的工具，通过压缩空气产生动力，将射钉打入木头里——有些时候，也会打入我们的身体里。根据美国疾病控制和预防中心的资料，美国每年都会发生 37 000 起射钉枪伤害事故。这类事故也真算得上五花八门、异彩纷呈了。典型的事故是手掌或手指被射钉枪射出的钉子击穿。但很多时候，射钉枪的“跑偏”程度会超级离谱。比如，有一个人就把钉子打到了自己的颈部动脉上；还有一个十几岁的孩子，把钉子射到了自己的心脏里；而一位 50 岁的操枪者，把钉子打到了自己的脑袋里——而且是两次！他出现在急诊室的时候，说自己头疼得厉害。在做过 X 射线检验后，医生在他的脑袋里发现了那两枚钉子。（应该指出的是，刚才说到的 3 位受害者，都已被成功治愈。）

更为有趣的是，这类事故的数字在近年来迅速上升。2001—2005 年间，根据美国疾病控制和预防中心的资料，这类事故的数量上升了将近一倍。为什么会这样？射钉枪销量大增肯定是原因之一。当射钉枪越来越便宜，也越来越容易被买到的时候，这类事故出现的数量注定会增加。

> 联邦政府的调查发现，专业建筑工人使用射钉枪的事故率并不高。发生事故的，大多是那些 DIY 爱好者。

但是，美国疾病控制和预防中心在仔细分析这类事故后发现，原因其实并非如此。专业建筑工人使用射钉枪的事故次数并没有上升，这一群体的此项事故率一直是稳定的。这类事故成千上万的受害者，大多是那些 DIY（自己动手做）爱好者。

700 页的使用手册

对于那些凡事都喜欢自己动手的人来说，做事的时候喜欢自作主张是可以理解的。我们知道，第二次世界大战之后出现了工业的大繁荣，这不仅带来了更多种类各异的产品，而且各类产品的复杂程度也越来越高了。艾尔文 · 彼德曼是一位研究视觉感知的心理学家，据他估计，一个普通的成年人知道的“显然可以区分出来的”物体有 30 000 种。唐纳德 · 诺曼是一位认知心理学家，他确定的数量是将近 20 000 种。这两个数字都非常大，而且这些物件或产品大多数都带有说明书。即使是日常衣物，现在都配有说明指南。其实，早在希塞尔制造公司于 1951 年推出滚筒式干燥机之前，人们并不知道是否应该将自己的毛衣放到干燥机里烘干，传统的做法是将其挂在晒衣绳上和其他衣物一起晾干。到 1971 年，联邦政府开始要求服装生产商在标签上注明洗涤和干燥方法，从此之后，我们的后脖颈就开始被这类标签磨得发痒了。

现在，一些产品使用手册的篇幅已经超过了一本甚至两本小说的厚度。S 级梅赛德斯 – 奔驰（标价为 103 895 美元）配送的使用手册就有 700 页厚。当然，很少有人会通读 700 页的使用说明，这也导致购车者经常会犯手册中特意标明的一些错误。举例来说，斯巴鲁汽车美国分公司在许多年前就开始注意到消费者对其汽车的投诉在不断地增加。但是，在仔细了解情况后，公司的管理人员发现，问题并非出自车子本身，而是因为汽车的使用者。很多购车者并不理解这辆汽车是怎么运作的，因为他们根本就没有阅读过用户使用手册。实际上，在打给斯巴鲁公司服务中心的电话中，每 5 个问题中就有一个是用户手册中做过明确说明的。

在打给斯巴鲁公司服务中心的电话中，每 5 个问题中就有一个是在用户手册中做过明确说明的。

如果不是这些错误可能会导致严重后果的话，它们原本是挺滑稽的。比如，儿童安全座椅的安装对于儿童乘车安全是非常重要的（座椅可以让车辆事故中儿童的死亡率降低 71%）。在美国，公益广告播放了几十年，一直在呼吁人们注意这个问题。尽管如此，大多数汽车的儿童安全座椅都不是正确安装的。联邦政府的一项研究表明，严重地错误使用座椅的比率高达 73%，差不多每 4 个人中就有 3 个人如此。为什么为人父母者会犯这样的错误呢？

“他们并没有依照使用说明，”座椅调查项目的负责人拉里 · 戴西纳说，“今天晚上你就看一下你的汽车的使用手册，看看介绍座椅部分的说明有多少页……这一段有 17 页左右。你觉得人们会去读吗？孩子的母亲可能会看一下，但你觉得孩子的父亲会去看吗？”

这确实没有什么奇怪的。在需要完成一项工作的时候，我们会把所有指南之类的东西丢在一边，然后按照头脑中它“该”怎么工作的固有观念自己动手处理。但是，我们头脑中事物运作的模式并不符合专家们头脑中的模式，所以，自己动手经常会引发错误。举个例子，我们对事物的运作方式并不总是非常清楚，对于那些运动的物体，我们尤其容易犯错。大多数人对物理理论的直觉依然停留在牛顿提出经典力学的 300 多年前的水平。一个经典的例证（也是另外一个在酒吧里面和别人打赌的素材）就是下面这个测试：飞机在扔炸弹时，炸弹下落的轨迹应该是怎样的。

大多数人认为，炸弹可能是垂直落向地面的，也可能是跟着飞机跑的。其实这些都是错的。正确的炸弹飞行轨迹是一条向前画的弧线，如图 11–1 所示。

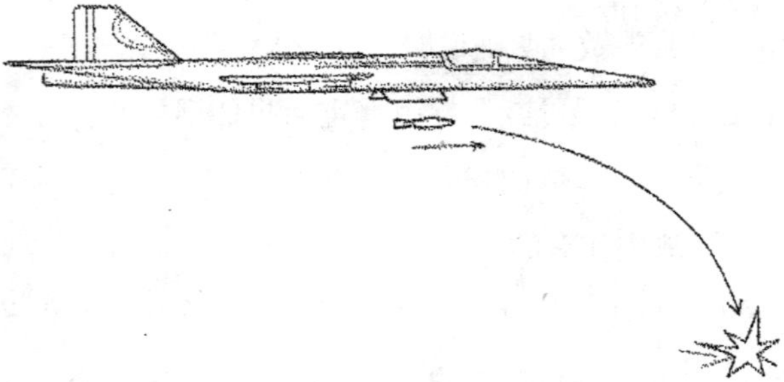

图 11–1 炸弹的下落轨迹

这是一种非常普遍的错误，甚至是物理系的学生也常会犯。人们还专门给这种错误起了一个名字，叫作“垂直下落效应”。在我们的日常生活中，这类情况经常出现。在橄榄球赛季，每个周末，电视台都会播放橄榄球比赛，橄榄球经常会从带球运动员的手中滑落。橄榄球滑落的轨迹应该是什么样的呢？它的轨迹和炸弹下落的轨迹是一样的。不过，在波士顿，当一些六年级的学生被问到这个问题时，只有 3% 的人给出了正确的答案。

一条路走到黑

另外一个与此相关的问题是，人们还经常会有这样一种倾向：一条路走到黑。一旦我们学会了用某种方式来应付某件事，我们就会一直抱着它不撒手。心理学家把我们心灵的这种弱点称为“功能固着”。早在半个多世纪之前，亚伯拉罕·陆钦斯和爱迪斯·陆钦斯夫妇就已经通过一个非常精巧的实验揭示了大脑的这种特性。从表面上看，这两位学者所做的实验非常简单：让人们用以下 3 个罐子中的一个称量一定容积的水。

- 罐子 A 正好能盛 21 杯水。
- 罐子 B 正好能盛 127 杯水。
- 罐子 C 正好能盛 3 杯水。

问题是：通过什么方法可以得到 100 杯水的水量？下面就是简要的步骤说明。

- 第一步，把罐子 B 灌满 127 杯水。
- 第二步，把罐子 B 中的水倒满罐子 A，这样，罐子 B 中留下的水量为 106 杯。
- 第三步，把罐子 B 中剩余的水继续倒入罐子 C 中，这样，罐子 B 中剩余的水量为 103 杯。
- 第四步，倒空罐子 C 中的水，然后继续将罐子 B 中的水注满罐子 C。做完以上步骤之后，罐子 B 中就正好剩下 100 杯水的水量了。

不算特别简单，对吧？不过，在这个实验被重复几次之后，人们就都能找到解决问题的诀窍了。人们很快就会以为，解决这个问题的模式适用于所有问题：将罐子 B 装满罐子 A，然后装满两次罐子 C。

不过，研究人员接下来对问题做了一些改变，他们给了受试者另外一组需要解决的问题。对于这一组问题，原来的模式同样奏效。但是，还有其他更简单的解决途径：直接把水从罐子 A 倒入罐子 C。举个例子，如果罐子 A 正好能盛 14 杯水，罐子 B 正好能盛 36 杯水，罐子 C 正好能盛 8 杯水，那么如何得到 6 杯水的水量？答案是：将罐子 A 中的水倒满罐子 C，剩下的就正好是 6 杯水的水量。

研究人员把这个实验重复了数千次。总体来说，实验得出的结果惊人地一致：在能够使用新的、更简单的解决方法时，两组问题的参与者中有 64%～83% 的人会继续使用存在多余步骤的老方法。

> 人们形成了解决某类问题的思维定式，以至于在面对新问题的时候，对更简单的新方法视而不见。

但意外的是，陆钦斯夫妇找了另外一组人，来做原来实验中第二组的问题，这组新人是没有参与过第一轮实验的。这组人差不多全都找出了更简洁的方法，实际上，只有 1%～5% 的人没能找到。以上实验的结论非常明显：在最初的实验中，人们形成了解决某类问题的思维定式，以至于在面对新问题的时候，对更简单的新方法会视而不见。然而，对于那些直接面对新问题的人来说，更简单的解决办法是显而易见的。

摆脱思维定式

简单来说，尽管我们青睐自作主张，但大多数人在处理问题时还是很难找出真正富有创造性的方法。在人们曾找到奏效的方法时，尤其会如此。即使我们在面临相对简单的（新）问题时，这种倾向依然存在。如果你不介意把自己的墙壁弄破的话，最有名的一个例子——这个实验，你和朋友们在家里就可以一起玩——就是“挂蜡烛”。准备一盒火柴、一盒大头钉和一根蜡烛。任务是把蜡烛固定到墙上。应该怎么做呢？

人们通常会想，可以直接用大头钉把蜡烛固定到墙上。不过，这种方法不会奏效，因为蜡烛太粗了。也有人会想，可以用火把蜡烛融化，再将它粘到墙上。然而，很少有人会想到，把盛放大头钉的盒子倒空，然后把蜡烛放到空盒子里面，最后把盒子钉到墙上。人们通常只把盒子看作盛放大头钉的容器，很少能够摆脱这种思维定式。

第12章

避免盲点，精心设计约束条件

医生常因为混淆药物的名称而酿成悲剧，但飞行员却有办法记住航线的位置，诀窍就是给航线赋予明确的含义。在美国，有一些航线代码的名字甚至略微有些色情，比如美国西海岸的飞行员如果向东航行的话，就会遇到“BUXOM”（丰满）这样的代码，这表明在俄勒冈州；如果代码是“JUGGS”（胸部），就表明是在爱达荷州。

减少错误发生的一种有效途径就是加强自我约束。什么是自我约束呢？就本质而言，自我约束就是能够阻止我们使用其他替代方案的一些有效的心理工具。说得形象一点儿，你可以把它想象为汽车的保险杠，它能够帮助我们回到正轨。另外一种方式就是把它想象成“错误拦截器”。

约束有各种各样的形式。它们可以是看得见、摸得着的，也可以是看不见也摸不着的；它们可以是各种颜色和气味，也可以是各类风景或声音。比如，红色就代表一种约束，看到它，我们自然会想到一个动作——停止。音乐在很多方面也能充当约束的工具。就像我们从《星条旗永不落》的例子中看到的，一首歌曲的旋律有助于我们记忆歌词。看完电视广告后，那些广告词会萦绕在你的脑海中久久不去；成年以后，我们还能跟着儿时的旋律和小朋友唱起一些老歌。在这里，旋律的约束就是一个非常重要的原因。

许多约束不是显而易见的。的确，在一些被精心设计过的产品上，我们可能根本注意不到约束的存在。比如剪刀。你拿起一把剪刀，能观察到它的约束在哪里吗？剪刀给你提供的约束，就在于把手的形状和大小。剪刀有两个把手，一个把手的中间是圆的，大拇指可以伸到里面去；另外一个把手的中心空间要更宽阔一些，其余4根手指都可以伸到里面去。于是，把手就约束了手持剪刀的方式，也就限制了剪刀的使用方式，或者说，限制了它被误用的方式。

与约束有着密切联系的一个概念是“功能可见性”。功能可见性会给一件物品该如何使用提供很好的线索。比如约束这个概念一样，功能可见性也可以通过很多方式体现出来，比如一件物品的形状、质地，以及大小等，都可以为该物品的使用方式提供线索。例如一只皮球，它可以用来拍打，也可以被扔来扔去；一个门把手，可以用来拧；

投币孔，可以往里面塞东西。当我们碰到一些原来并不熟悉的物品时，这些东西的功能可见性可以帮助我们回答一些基本问题，比如："这是用来干什么的？""该怎么使用它呢？"

一些产品有着非常好的设计，产品的特性鲜明，约束和功能可见性都非常清晰。"乐高组合玩具"就是一个很好的例子。"乐高积木"的那些圆柱体和孔，都起到了很好的约束作用，基本上排除了错误组装玩具的可能。还有一个典型的例子就是"维可牢"牌尼龙刺毛贴。它的功能显而易见，就是要把两面黏合起来。还有其他一系列的产品也是如此：飞碟、呼啦圈、百事贴等，这些东西的用途都显而易见，只要看到它，你就能马上想到它的用途，不需要使用指南。更重要的一点是，这些东西都非常简单，完全可以避免在使用中出现任何错误。

没错，这些东西在功能上都太简单了，不像蕴含了高深的工程学原理。实际上，我们的日常生活中确实存在很多功能设计上存在问题的产品。你有过这样的经历吗？走到一座办公大楼的玻璃门前，突然弄不清楚到底该推门还是拉门？这就是因为那扇门缺乏功能可见性（它到底是可以拉还是可以推）。当然，在这种情形下，即使出现点儿小失误也无伤大雅，你可能会在那一刻觉得有些迷惑，甚至稍微有些尴尬，不过，仅此而已。

两次都犯了同样的错误

但是，缺乏有效的限制可能会导致比这严重得多的后果。2007 年 11 月，一对双胞胎新生儿就差一点儿因此毙命。这对双胞胎，一个叫托马斯·布恩，另一个叫佐伊·格雷斯·奎德，他们出生在那一年的

11 月 8 日，是一对早产儿。出生几天后，父母（演员丹尼斯·奎德和他的妻子金伯利）带着他们离开医院回到家中。但是，这对双胞胎很快就受到了感染。11 月 17 日，儿科医生告诉奎德夫妇，让他们赶快把孩子送往洛杉矶的雪松西奈山医疗中心。接下来的事故就是在那里发生的。

第二天，也就是 11 月 18 日，这对双胞胎被过量地注射了两次血液稀释剂——肝素，这种药物经常被用来清理婴幼儿的静脉滴注管。在当天上午的 11∶30 和下午 5∶30，该医院的护士两次把每毫升 1 万单位浓度的肝素，误当作每毫升 10 单位浓度的肝素，给孩子注射了。

这样的错误是怎么发生的呢，而且是两次？

一个很简单的答案就是“人为操作失误”。没错，雪松西奈山医疗中心承认，除了其他原因，工作人员没有仔细检查注射药物的标签，犯了一个本来可以避免的错误。

不过，这个问题更确切的答案应该是：包装肝素的瓶管没有标明约束。10 单位浓度的包装和 1 万单位浓度的包装很容易混淆，两种包装的大小和形状完全一样，而且用的都是蓝色标签，尽管一个标签的蓝色更深，另一个标签的蓝色更浅。这两种药剂不仅仅是存在被误用的可能性，而且它们容易被误用已经是众所周知的事情了。在 2001—2006 年间，已经有 16 000 起类似的误用剂量的事故发生。2006 年，在印第安纳波利斯医护中心，有 3 名婴儿就是因为被注射了过量的肝素而死亡。在该事件发生之后，生产该种肝素的巴克斯特医疗保健公司特意发出了一项警告，声称：“有两项肝素产品，涉嫌对生命健康造成威胁。”

巴克斯特医疗保健公司最终改变了产品标签的颜色，把剂量更大的标签从原来的蓝色变成了红色。不过，这项改变是在 2007 年 10 月做出的，正好是奎德的孩子被过量注射该药剂的前一个月。然而，在做出标签颜色的变更后，该公司并没有召回自己原来售出的产品，其中就包括雪松西奈山医疗中心使用的那批产品。过量注射使这对双胞胎的血液过于稀薄而无法凝结——护士发现佐伊手臂和脚后跟处的针孔在不断地渗出血液。后来，这两个孩子使用了其他药物才缓解并调整了肝素稀释血液的后果，恢复了正常的凝血功能。在重症监护室治疗了 11 天后，这对双胞胎终于出院了，他们的身体看起来完全康复了。

药物名字的内涵

其实，类似的把药物弄混的事，比我们所能想象的更为常见。在 2008 年年初，就在奎德的孩子被过量注射的几个月后，美国食品药品监督管理局发布了另外一次警告。发布的原因不是药品标签的颜色容易被弄混，而是药物的名称。警告涉及的两种药物的名称分别为：依地酸二钠（edetate disodium）和依地酸钙钠（edetate calcium disodium）。它们一个是用来治疗血液中钙含量过高的状况；另一个是用来治疗铅中毒的。这两种药物通常都被人们称作 EDTA。

就像肝素的问题一样，EDTA 的问题也是众所周知的。美国食品药品监督管理局当时说，在过去的 30 年中，曾收到 12 份儿童及成人的死亡报告，其中就包括孩子铅中毒被用错药物的情况。2006 年，另外一家独立的联邦机构——美国疾病控制和预防中心披露了一些死亡报告的细节，其中有一个患自闭症的孩子使用了一种从血液中去除汞元素的药物。

美国食品药品监督管理局有权批准对药物的命名。但是，处方药的名称经常无法提供有关药物作用的任何线索（缺乏可见性）。有许多名称读起来都非常困难，更别说弄明白它们到底是干什么用的了。比如以下这些药物。

- 昂丹司琼（Zofran）
- 哌拉西林钠（Zosyn）
- 奇格瑞（Xigris）
- 达托霉素（Cubicin）

昂丹司琼是一种止吐药。哌拉西林钠是一种抗生素药物，达托霉素也是。奇格瑞是治疗重脓毒症的药物。但是，如果只看名称本身，你可能对这些药物一无所知。你极有可能把它们看成棋盘游戏或者希腊神灵的名字。

有人会争论说，名字没必要有什么特殊的意义，那些使用这些药物的人（医生和护士）都是经过高度专业化训练的，他们自然会知道这些药物应该是干什么用的。但是，让那些连续加班的护士时刻保持清醒来处理这样的问题是有风险的。我们为什么要冒这样的风险呢？

飞行员如何确定航线？

与医生面对那些药品名称时的情况相仿，飞行员在面对航线图的时候，也面临类似的状况。举例来说，如果飞机要飞往纳什维尔（Nashville），飞行员碰到的符号就会是“PICKN”和“GRNIN”，还经常要经过“HEHAW”。“PICKN”、“GRNIN”和“HEHAW”都是飞行员在飞往田纳西州纳什维尔国际机场途中需要经过的一些地方，这些字母组合就是空中标定的那些具体位置的代码。

全世界都一样。航空当局需要建立一套既定的飞机导航路线，于是他们会把航空路线中的一些关键位置用一些特殊的符号标记出来，通常是用 5 个字母组成的代码来表示。在美国，这种工作是由美国联邦航空局（FAA）来承担的。与美国食品药品监督管理局不同的是，FAA 会选择一些有具体含义的名字，比如，让这个名字反映位于那个地点的城市的特点。航线如果经过圣安东尼奥（San Antonio），该点就用“ALAMO”（阿拉莫要塞[1]）来标记；如果飞机飞往奥兰多（Orlando），那飞行员就会发现“MICKI”（米奇）、“MINEE”（米妮），还有“GOOFY”（高飞）这样的代码[2]。一些代码的名字甚至还有些色情，比如西海岸的飞行员如果向东航行的话，就会遇到“BUXOM”（丰满）这样的代码，这代表在俄勒冈州，紧接着还有“JUGGS”（胸部），这说的是在爱达荷州。

> 航线如果经过圣安东尼奥，该点就用“ALAMO”来标记；如果飞机飞往奥兰多（Orlando），那飞行员就会发现“MICKI”“MINEE”“GOOFY”这样的标码。

情况也并非一直如此。以前，美国联邦航空局也曾在很长一段时间内使用没有实际意义的字母组合，完全以莫尔斯电码为基础，来标记固定的飞行位置。为了让飞行员更轻松地记住这些标识，避免飞错

[1] 阿拉莫要塞在圣安东尼奥附近，在军事战争中起过重要的作用。——编者注

[2] 米奇、米妮、高飞均为迪士尼动画角色，而奥兰多以迪士尼主题乐园闻名。——编者注

路线，FAA 于 1976 年转而采用这种能读得出来的字母组合为标记。

“我们是在努力选择一些更能被轻松记住的东西，” FAA 负责监察标志名称的官员南希 · 卡利诺夫斯基说，“在航空领域，任何不确定的情况都会带来巨大的麻烦。”

“无错设计”中的经验教训

当然，这种状况不仅出现在航空领域，在其他领域也同样如此。不确定性往往就等于错误。护士在给奎德的孩子使用肝素的时候，出现的也是这样的错误。这场几乎酿成大错的事故，至少给我们带来两方面的经验教训：第一是在产品的设计方面，第二是在错误的归属方面。我们在日常生活中使用的很多产品根本就没必要设计得那么复杂。复杂的设计只会导致错误的高发。说起这些，我的脑海里立刻就会浮现出的例子就是录像机和数字手表。想弄清楚怎么使用它们简直太让人抓狂了。

老式录像机差不多已经在市场上消失了，但是，我们还是要努力应付各种各样原本并不需要设计得那么复杂的产品。例如，世界顶级豪华轿车厂商宝马汽车公司于 2001 年推出了一款装有“智能驾驶控制系统”（iDrive）的 7 系列轿车。智能驾驶控制系统就是一台旋钮控制器，通过它，你可以操纵车子具有的 700 多项单独的功能，从天气预报、电子导航系统到车锁和车灯的程序设置等。可以想见，这套智能驾驶控制系统激起了宝马车迷们的强烈反对。（时尚汽车杂志《公路与轨迹》就在一篇文章的标题中问道：“是要智能控制系统驾驶，还是由我驾驶？哦，它来开车，让我来捣鼓这么一台破控制器。”）这些人严厉地批评这套系统，认为它违反人的本能，而且过于复杂，如果使用它，即使是很简单的操作，都需要几个步骤才能完成，驾驶员的注意力不得不离开路面，然后盯着操作系统的显示屏。在饱受连续几年的批评之后，宝马汽车公司终于向这些抱怨低头。2004年，公司宣布，会在新款车型上装配智能操作系统的“简化版”，并且只作为3系列车型上的选配提供。

抛弃复杂的设计理念，能简单时，尽量保持简单。

“幸运的是，”一位评论员写道，“订购3系列的时候，你可以选择不去安装智能驾驶控制系统和它那台可怕的旋转控制器了。”

这个例子的意义是非常明显的：能简单的尽量简单，在设计产品的时候，一定要使用一些人为的约束，以防止错误的发生。巴克斯特医疗保健公司最终就是用这种方式来处理肝素问题的。首先，公司改变了大剂量肝素包装标签的颜色，从蓝色变为红色，这样它和小剂量肝素就更容易被区分。其次，公司在包装瓶上加了小帽子，在使用前，必须拉开小帽子，这样护士在用药时就要多做一个步骤的工作，以提起更高的注意。再次，标签上的字号也被放大了，剂量的大小也就更容易看清楚。最后，在大剂量的肝素包装标签上还标出了“不可用于清理滴注管”的字样，以提醒使用者，这不是小剂量包装的肝素。

多重保险的流程设计

我们从奎德的孩子被过量注射药物的案例可以看到，看似是人为过失导致的一些错误，实际上有着更深层次的原因。我们在生活中总是会重复犯错，无法从错误中吸取教训，这就是原因之一。因为我们所能找到的，并非错误发生的根本原因。

然而，追根溯源，彻底找出问题的根本原因并不是那么容易。这就像我们发现客厅屋顶在漏水，但问题的根源往往在某个看不见的角落。解决这个问题，就需要我们对人类行为的动机有深入的了解。正如在前面的章节中看到的，我们常常感觉自己是在按照某一种方式行动，其实并不是那样。事实上，我们有时甚至是以伤害自身利益的方式行动的。更糟糕的是，许多人都不知道自己是被偏见误导的。过分良好的自我感觉、“事后之明”，以及任何一种我们讨论过的心理倾向，都会使我们的判断产生偏差。

> 我们在生活中总是会重复犯错，无法从错误中吸取教训，这就是原因之一。因为我们能找到的，并非错误产生的根本原因。

一个人想要真正地消除错误，就必须牢牢地记住这一点。如果你知道使用产品的人会很自负，那么在设计产品（或产品的使用方法）的过程中，就必须把使用者的过度自信考虑在内。在 3 名婴儿死于肝素注射过量之后，印第安纳波利斯卫理教会医院的医护人员就是这么做的。卫理教会医院把 1 万单位容量的肝素专门盛放在一种注射器里面，这样，医护人员就再也不会把它和小剂量的肝素弄混了。此外，医院现在还规定，在给新生儿注射肝素之前，必须有两名医护工作人员对肝素的用量进行检查。

许多高风险的行业都采取了这类“多重保险”的做法。比如，从 2004 年开始，有关组织就要求，医生必须在患者需要进行手术的刀口处，用防水签字笔或其他记号笔做一个标记，这样可以有效地避免错位开刀的情况发生。通过这种方式，医生在做手术的时候，就可以不再单纯地依靠自己的记忆。很早以前，飞行员就开始在执行飞行任务之前对自己的工作做类似的安排，他们不是努力记下大量重要细节（比如，我记得在起飞前检查过襟翼，对吧？），而是去看一个非常简单的辅助工具：核查清单。

甚至酒吧的服务生（可以保证，这绝对不是个高风险职业）也知道，要想避免弄错每位客人点的饮品，不能仅仅依靠自己的记忆。你有没有好奇过，酒吧的服务生为何能记清每位客人所点的饮品？（“给我来 1 杯迈泰、1 杯罗布罗伊、1 杯毛脐、3 杯莫吉托。”[①]）纽约城市大学的研究人员发现，记忆的诀窍其实是在那些杯子上。只要下了单，摆放出来的杯子的形状在很大程度上就已经明确了，什么形状的杯子里面会装什么类别的饮品。比如，只有那种加了汽水的威士忌才会盛放在高脚玻璃杯里，只有香槟酒才会放在那种笛子形状的香槟杯里。换句话说，杯子充当了酒吧服务生的一个约束条件，限制了里面所盛放的饮品的种类。

> 你有没有好奇过，酒吧的服务生为何能记清每位客人所点的饮品？诀窍就在那些杯子上。

重视“系统性错误”

想要追查错误产生的根源，还需要知道到哪里去找，以及怎样去找。每次当错误出现时，我们都习惯往回看，也就是说，我们会寻找

---

① 迈泰（mai tai），一种知名的鸡尾酒饮品，最初来自加勒比海地区，有热带风情。罗布罗伊（Rob Roy），鸡尾酒名，以苏格兰侠盗罗布·罗伊的名字命名。毛脐（fuzzy navel），主要由伏特加、桃子酒和生柳橙汁等材料制成。莫吉托（mojito），世界著名鸡尾酒之一，有人形容“夏天喝犹如灭火剂”，曾多次在海明威的小说中出现。——译者注

事件发展过程中最后经手的那个人，认为错误出现在他那里，他应该为此负责。但是，尽管这种方法看起来挺让人满意，但通常并不会阻止错误的再次发生。比如，在奎德那对双胞胎身上，过量注射的错误就不只发生了一次，而是两次，而且是由不同的护士造成的。如果很多人都会犯同样的错误，这就告诉我们，事情背后必有蹊跷，根源绝不会像表面看上去的那么简单，原因可能并非出自某个具体的人身上，可能是存在"系统性错误"。系统性错误的根源，绝对不是针对某个人就可以消除的。这也就是为什么在寻找错误根源的时候，我们不应该只是回头看，而应该深入看。

我们所犯的许多错误，实际上都是我们所处环境的副产品。比如，在某些地方，对事情混乱的容忍程度就比其他地方高。在容忍错误程度比较低的组织中，美国海军应该算得上其中之一。美国海军总是需要在极富挑战性的工作环境中圆满完成特殊的任务，任务失败的可能性是非常低的。像这样的组织，我们称之为"高可靠性组织"（HRO）。专家们一般认为，海军航空兵是一个经典的高可靠性的行业。在这个行业中，海军航空兵可以在危险的环境下持续安全飞行，事故率非常低。比如，在 1999 年以后，A 类事故（造成人员伤亡或经济损失超过 100 万美元）出现的频率是每 10 万个飞行小时 1.5 次，在 20 世纪 50 年代，这个数字还高达每 10 万个飞行小时 50 次。

有很多组织都喜欢说自己也是高度可信赖的。（确实，看看有多少工作单位都挂着"安全第一"的牌子。）最有权利这样标榜自己的，至少应该包括医院。医院通常都宣称自己注重安全性，但是，一家医院和一艘航空母舰相比，你觉得哪一个会更安全一些呢？

戴维 · 戈巴博士是一位研究"病人安全问题"的知名专家。为了找出这个问题的答案，他和斯坦福大学以及加利福尼亚州蒙特里市的海军研究生院的同行一起，给 15 家医院和海军航空兵的 226 支飞行中队发放了调查表。调查表包含 23 个问题。这些问题的措辞在不同的调查表中并不完全相同。比如，在发放给飞行员的调查表中，他们会使用“发出指令的长官”，而在发放给医院的调查表中就换成了“高级管理者”和“我的科室”等字眼。不过，就关键问题而言，这两份调查表的内容是非常接近的。研究者把答卷中的回答分成不同的类别。如果对一个问题的回答是“有问题反馈”，那就说明这里存在安全缺失。他们的发现着实让人大吃一惊。

总体来说，飞行员们反馈的问题是非常少的——只有 5.6%。但是医生和护士反馈的问题是前者的 3 倍以上，高达 17.5%。对于某些问题来说，这些医务工作人员反馈的问题更多，是飞行员群体的 13 倍。

总体来说，飞行员们反馈的问题是非常少的——只有 5.6%。但是医生和护士反馈的问题是前者的 3 倍以上，高达 17.5%。

态度和错误

对于两者之间的差距存在多种不同的解释。有人认为，大多数医院都不像军队那样是集权式的组织。在医院，没有一个绝对的权威能够在任务现场去命令或解雇其他人。在任何一家医院，医生这个群体都是自主运转的。戈巴还总结道，军队指挥员在向队伍灌输安全意识方面取得了长足的进步，但是医院的领导者却没能做到这一点。“尽管他们也公开承诺安全第一，”戈巴写道，“但是这种承诺并没有充分转化为一种安全的氛围，因此也没能使安全意识在具体的工作流程中得到统一贯彻。”

还有一个因素同样有助于解释医生和飞行员之间的态度差异，那就是他们的工作性质。飞行员操作不慎会机毁人亡，他们会和飞机一起坠落，但是医生不会。这种差别就使得飞行员有更强大的动力，想要避免出现机毁人亡的后果——他们能够挽回的生命，毕竟是属于他们自己的。

还记得海军航空兵的事故率是怎么降低的吗？A 级事故的发生率从 20 世纪 50 年代每 10 万个飞行小时 50 次，下降到每 10 万个飞行小时 1.5 次。在民航领域，事故发生率的下降趋势也大致相同。在 1997—2007 年这 10 年间，美国民航飞机坠毁率下降了 65%：在 1997 年，每 200 万次飞行会出现一次事故；到 2007 年，每 450 万次飞行才会出现一次事故。2007 年的事故率是非常低的，当时即将离职的美国联邦航空局局长说：“现在是飞行安全的黄金时代，在世界航空历史上，现在是使用最安全的模式、飞行效果也最安全的时代。”

好了，让我们再来看看医生的情况。当然，考察医生的安全记录可以有很多种不同的方式，也不是每一个人对医生相关记录的看法都是一致的。但是，考虑一下这种状况：对事故尸体解剖的研究表明，医生严重误诊导致的死亡几乎占 20%——每 5 起事故中就有 1 起。因此，有数百万人接受的治疗是失当的。更让人震惊的事情还在后面：误诊事故的发生率，从 20 世纪 30 年代到现在，一直没有改善过。《美国医学会杂志》有一篇文章对这个问题进行了研究，它得出的结论是：“全无改进。”

对事故尸体解剖的研究表明，医生严重误诊导致的死亡几乎占 20%——每 5 起事故中就有 1 起。

需要再次提醒大家注意的是，造成这种状况的原因是多方面的。

有很多书籍都在揭露医疗事故令人震惊的高发率。（有人估计，在美国，每年死于可避免的医疗事故的人数应该在 44 000～98 000 人之间，这就使医疗事故在最常致人死亡的原因中排到了第 8 位。）当然，人体的确比飞机的构造复杂得多。

尽管如此，我们还是要提起一个值得注意的问题，那就是态度。在手术室里操刀手术的医生，与在驾驶舱里的飞行员相比，工作态度确实存在不小的差距。手术室是一个典型的等级森严的地方，外科医生在这里高高在上，而驾驶舱里的情形却并非如此。机组人员的构成一般包括一名机长、一名大副和一名二副。无论职位高低，只要有人发现有问题存在，他就可以讲出来。在面对潜在的错误时，每个人都会认为自己和他人是平等的。

这种工作态度上的差别，是在一次调查中被揭露的。这项研究调查了美国、欧洲和以色列的数万名飞行员、医生，以及其他医务人员。在调查中，有一个问题就是：“在你的团队中，没有经验的新成员会不会质疑资深成员所做的决定？”

有一项调查问道：“在你的团队中，没有经验的新成员会不会质疑资深成员所做的决定?”97% 的飞行人员回答：“会!”但是做出同样回答的医务人员只有 55%。

在飞行人员的回答中，有 97% 的回答都是：“会！”

但是，医务人员在面对这个问题的时候，只有 55% 的人回答“会”。[①]

这种差别至少有一部分可以归结于一种现代航空安全科

① 飞行员也远远比医生更愿意承认自身的局限。调查中还有这样一个问题：“即使是在很疲惫的状况下，我也能在关键时刻有效地进行操作。”70% 的医生都认可这项陈述，但只有 26% 的飞行员认为自己可以做到。

学——“机组资源管理”（CRM）。这种管理方法已经在世界航空业向飞行机组人员广为传播。1978 年，美国俄勒冈州波特兰市附近发生了一次飞行事故，这次事故之后，机组资源管理应运而生。那次事故的原因并不复杂：一架美国联合航空公司的 DC-8 飞机在尚未降落时，燃油就耗尽了，此时它离机场仅剩下 6 英里的距离。该航班的机械师本来就知道飞机没油了，但是他没能及时通知机长，当机长知道的时候为时已晚。飞机上当时共有 189 名乘客和机组人员，事故使 10 人丧命。此次事件后，对机组人员的沟通培训以及相互合作的项目得以产生。机组人员从这些培训中可以学习如何更好地在工作中相互协同。如今，机组资源管理已经成为航空业的一项产业标准，全世界的机组人员都在参加这种管理培训。

两边都被切除的手术

态度、集体协调失灵，这类事情总会让人感觉模模糊糊、朦朦胧胧，想要弄清楚它们如何导致失误，并不总是件容易的事情。不过，我还是要告诉大家一个让人不寒而栗的案例。这个案例是查尔斯·文森特记录下来的，他是帝国理工学院专门研究卫生安全问题的教授。受美国卫生保健研究和质量管理局的邀请，查尔斯对这个案例进行了评述。一位 33 岁的妇女在体检时，被诊断出有浸润性外阴癌，出现病症的部位就在外阴，包括阴唇和阴蒂。为了清除癌细胞，医生们提出了一个彻底的手术治疗方案：切除这位女士一半的外阴。

在对这位女士进行了全身麻醉后，医院的实习生在检查病人的病例时注意到一个关键的细节：活体组织切片检查标明，癌细胞出现的部位是左侧外阴，但当这位实习医生准备切除病人左侧外阴的时候，主治医生却拦住他，说应该切除的是病人的右侧外阴。

起初，这位实习医生迟疑着不敢动手切除。他告诉主治医生，自己看过病人的病例，活体组织切片检查呈阳性的部位，不是右侧外阴，而是左侧。但是，主治医生并没有放弃自己的意见，他告诉这位实习生，活体组织切片检查是他亲自做的，用于检查的活体组织取自病人的右侧外阴。面对自己顶头上司的坚持，这位实习医生按照要求，切除了那位女士的右侧外阴。

按照标准程序，手术后被切除的部位作为样本被拿去医院的实验室进行检查。病理医生做完检查后惊呆了，结果表明，被切除的部位根本就不存在癌细胞。带着这份检查报告，实习医生找到主治医生，告诉他，手术出现了失误，他们错误地切除了病人的一侧外阴。然而，主治医生却断然否认出现过任何错误。实际上，他是在坚持说，当初用于活体组织切片检查的标签被贴错了。①

为了彻底查清病情，那位女士重新做了左侧外阴的活体组织切片检查，当然，这一次发现了癌细胞。此后不久，这位女士被再次推上手术台，这一次，剩余的一侧外阴也被切除了。

有研究表明，操刀进行手术的医生中有20%承认，他们在给病人开刀的时候，弄错过位置。

文森特教授评述说，尽管这件事有些离奇，但它却绝不是孤立的。每一年都有很多病人因为手术弄错位置而深受折

① 我们从前面的章节中知道，即使是在面对与自己看法完全相反的证据时，“专家们”依然会努力让自己相信，他们是正确的。在这里，你可以清楚地看到医生和那些专家的相似之处。

磨。另有一项研究显示，这类事故非常少见，每 11.3 万次手术中才会出现一例。但是，问题的真相并未被彻底揭示。有许多调查表明，这类事故的发生率被严重地低估了。比如，有人对操刀进行手术的医生进行了调查，有 20% 的医生承认自己在给病人开刀的时候，弄错过位置。

第13章

为什么我们总是高估未来的收益？

送礼品卡给朋友是个馊主意，因为商家深知消费者会错误地预测自己将来的购买行为。在美国，有三分之二的消费者都说计划去买一张礼品卡，而当你把它作为礼物送给朋友后，他可能根本就不会使用。这些没有用过的礼品卡加起来，每年使得美国公众的损失高达 80 亿美元。

2000年夏，新婚不久的皮特·马里诺和詹妮弗·马里诺夫妇做出了一个重大决定。他们以前的大部分时间都住在威斯康星州，现在他们决定搬到一个从没有去过的新地方——加利福尼亚。

“我都等不及了，想去享受一下那里温暖的天气。”詹妮弗靠着皮特，坐在家里的沙发上，深褐色的马尾辫从棒球帽后面穿出来。和皮特一样，她也出生在威斯康星州，并在这里长大，她很想尝试着到一个新的地方生活。皮特之前一直为米勒酿酒公司工作，他现在被加州大学洛杉矶分校的商学院录取了。实际上，密歇根大学和杜克大学的商学院都录取了他。但是，这两所大学是在北卡罗来纳州，一点儿都没有南边的加利福尼亚州那种神秘的感觉。

“于是，我们决定去洛杉矶。”

他们没有事先考察备选住房，就在学校所在的维斯特伍德租了一处住所，然后就一头扎进了加州的生活当中。他们乘直升机在城市上空盘旋了一圈，开车经过好莱坞，他们前往海滩，来到山上，还去看了湖人队的比赛。

他们伸长了脖子，看得目瞪口呆。

“我们确实看到了很多值得纪念的东西，”詹妮弗说，“不能否认，我真的很喜欢这里。太好玩了！”

“我的意思是，我们每个星期天都会去教堂，马克·沃尔伯格就坐在我们前边那排。”皮特说，“就是在贝弗利山的善牧堂，弗兰克·辛纳屈的葬礼就是在这里举行的。”[①]

2003年，詹妮弗怀上了第一个孩子，麦克斯。就像每一对初为父母的人一样，他们的生活发生了彻底的变化。对于皮特来说，他最先

---

① 马克·沃尔伯格和弗兰克·辛纳屈都是美国著名影星。——译者注

注意到的只是一些小事情。

皮特说:“在麦克斯出生之前,周围就有人问我们,哦,你们家的宝贝准备去哪所学校上学啊?”

詹妮说:“学校?是幼儿园吧?”

皮特说:“孩子还没有出生!”

“还有志愿工作者。他们会问,你在孩子想去的学校那里做志愿者了吗?”

“他们总是在说,哎,你家孩子一出生,就快点儿打电话来吧,这样你们就能在名单上了。”皮特说,“这一系列事情对我们来说,简直是太奇怪了!”

告诉你一个在加州生活的有趣故事

然后是选择邻居的问题。皮特认识的人都住在“太平洋花园”那样的高档社区,这里一栋面积在 1 100 平方英尺[①] 的房子都需要花费 170 万美元。皮特刚从商学院毕业,想和住在高档社区的人为邻简直是天方夜谭。于是,他和詹妮弗在洛杉矶以西便宜一点儿的地段买了一套房子。

“我们每晚都需要设置好警报,”皮特说,“上面灯光闪闪,警察的直升机总是在我们住处的附近盘旋——我是说,每星期有 5 个晚上是这样。我的车子被人撬了。我家保姆的车就在我家门口被偷了。”

他们还看到了在威斯康星州的密尔沃基市不可能看到的一些事情。

皮特说:“开车从大街上经过的时候,你就能看到有母亲和女儿穿

① 1 平方英尺约为 929 平方厘米。——编者注

着同样的衣服。”

詹妮弗说：“她们手里还都拿着从星巴克买的卡布奇诺咖啡。”

皮特说：“你还会听到有人说，孩子们在做美容手术，那只是一些才十三四岁那么大的孩子——”

詹妮弗说：“那是送给她们的生日礼物。”

这让他们觉得有点儿无法适应。过了一阵子，更多的让他们无法适应的事情接踵而来。没过多久，皮特和詹妮弗就觉得，一种潜在的被周围邻居疏远的感觉悄然而至。

“告诉你发生在洛杉矶的一个有趣的故事吧，”皮特跟我说，“麦克斯就要在教堂接受洗礼了，我们只好去了洗礼班。那个洗礼班真是把我弄疯了。我不断地发牢骚、抱怨。詹妮弗说我还是要去的，我也只好硬着头皮去了那里。人真的不多，只有几对夫妻在那里。我看到一个女人和她的丈夫，就说，嗨，你们好！那位女士叫查瑞丝玛什么的。那位男士很有风度，女士也非常好、很可爱，怎么形容她都行。几个月之后——”

“不对，你当时就叫了人家的名字。”詹妮弗用胳膊肘碰了一下皮特，说。

“我当时就知道她是谁，”皮特说，“她在电视剧《吸血鬼猎人巴菲》中扮演吸血鬼，名字叫查瑞丝玛·卡朋特。”

“不，你和我不是这么说的——”

“在这之后，”皮特说，“我回了一趟密尔沃基。那是 8 个月之后吧，我到米勒酿酒公司一位媒体总监的办公室去。公司在《花花公子》杂志上做广告，所以那位总监那里正好有这本杂志，我看到他的桌子上就放着一本。那一期的封面女郎正是查瑞丝玛·卡朋特。麦克斯就是和她的孩子一起接受洗礼的！你知道吗，这就是发生在洛杉矶的一个故事。只有在这里才会有这么荒唐的事情。”

在物质环境和道德环境的价值之间衡量再三，皮特和詹妮弗认为他们不适合在加利福尼亚继续居住下去。于是，2004 年，在离开威斯康星州 4 年之后，他们决定搬回去，这可不是一个轻松的决定。

詹妮弗说：“在离开前的两周里，我的眼睛都哭肿了。”但是他们还是离开了。实际上，每年像他们这样离开加州的人还有很多。根据美国人口调查局 2008 年的统计数据，当年有超过 220 万人从这里打包离开，但是，紧接着就会有 150 万人来到这里。就像皮特夫妇当初想的那样，他们也是受到了这里的阳光、沙滩，以及神秘的气氛吸引的。哈里斯民意测验每年都有这么一个问题，询问美国人最喜欢居住的地方是哪里。在 2009 年之前的 5 年里，每年的答案都是一样的，那就是加利福尼亚。

哈里斯民意测验每年都会调查美国人最喜欢居住的地方是哪里。在 2009 年之前的 5 年中，每年的答案都是一样的，那就是加利福尼亚。

预知自己（以及他人）在未来的感受

“每个生活在加利福尼亚的人都应该很快乐，是不是？”戴维·施卡德说，他也刚刚从自己的老家得克萨斯州迁到了加利福尼亚，他是来这里的加州大学圣迭戈分校当教授。作为一名在商学院任教的心理学家，施卡德关心的不仅是为什么人们会认为在加州生活更幸福，他还关注一件更具广泛意义的事情：人们是如何预测自己将来对事物的感受的？不论是搬到加利福尼亚，还是退休过休闲的生活。

从表面上看，这个问题似乎不需要做什么研究。毕竟，我们大多数人都能很自然地预知自己未来的感受。如果我们的房子着火了，或者是心爱的宠物狗死了，我们知道自己肯定会很难过；如果在公司升职了，或者是有了自己的小孩（至少是在学校的缴费账单到来之前），我们就会觉得很高兴。

然而，如果时间隔得久一些，那么，对未来生活的想象就会与某日身临其境的状态出现很大差异。许多时候，我们都并不清楚自己对某件事的感受，除非真的事到临头。比如，现在你还年轻，身体健康，你可能不需要采取任何特殊措施来延长生命，但是等你真的老了，如同脚踏浮冰倏然滑向湮灭之境，你的想法就会变得大不相同。真是这样。研究者问那些健康的人，如果你得了重病，接受痛苦难熬的化疗会延长你 3 个月的生命，你会接受这样的治疗吗？回答愿意接受的人没有几个。

没有一个放射科的医生愿意做这样的治疗。

只有 6% 的肿瘤科医生愿意做这种治疗。

只有 10% 的健康人说，自己会接受这样的治疗。

不过，以上接受调查的人都不是面临生命威胁的人（至少当时不是）。在研究人员问那些面临生命威胁的人（癌症患者）同样的问题时，他们得到的答案却是有 42% 的人表示愿意接受这样的治疗。另外有一项研究表明，对直接面临死亡威胁的重症患者来说，有 58% 的人表示愿意接受化疗，即使治疗仅仅可以延长一周的生命。

> 如果痛苦难熬的化疗能让你的生命延长 3 个月，你会接受这样的治疗吗？大多数人都回答说：“不愿意。”但是，有 42% 的癌症病人回答说：“愿意。”

生与死的抉择无疑是一种比

较特殊的情况。不过，人们在预测自己将来生活状态的时候，确实存在系统性的判断失误。有一些生活中的事，比如搬家、跟自己的情人分手，以及失去一个升职的机会等，它们也很重要，然而无法与生死抉择相比。不过，只要经历过这些，你就会更明显地感受到预判和真实感受之间存在的差别。有一项研究对高中生吸烟群体进行了长期跟踪，跟踪的结果显示，在这些人中，只有 15% 的轻度吸烟者（每天抽烟不超过一根）预测自己在未来的 5 年中还会继续吸烟。但是，这些轻度吸烟者继续吸烟的比例是 43%。[①]

礼品卡是个馊主意

我们就是这么容易犯错误，而且很容易让别人拿它来打我们的主意。比如，折扣礼券就是一种能让人多花钱的绝妙手段。有多项研究表明，我们的购物行为经常会受到商家提供的折扣的影响。然而，这是一个陷阱，或者说是圈套，因为我们很多人根本就用不上那些折扣券。据统计，有 40% 的折扣礼券从未被使用过。如果你奇怪，为什么商家提供折扣券，而不是直接给商品打同等程度的折扣呢？对了，原因就在这里。商家深知，消费者（就像那些吸烟的高中生一样）会错误地预测自己将来的购买行为。

对你来讲，礼品卡是个馊主意，原因也在于对将来的误判，不过，这对发售它们的商家来说，显然是个绝妙的想法。近些年来，礼品卡的发放快到泛滥成灾的地步，它在美国已经成为排名第一位的礼品选

① 重度吸烟者（在高中时每天至少吸一包香烟）也没有太大的不同。在他们当中，只有 32% 的人说自己未来 5 年内还会吸烟。5 年之后，这些人中有 70% 每天依然会吸一包香烟。

择了。在美国，有三分之二的消费者都说计划去买一张。唯一的问题就是：你把它当礼品送给别人后，对方可能根本就不会用它。每个美国消费者的钱包或衣橱里，平均都放着三四张从未用过的礼品卡。这些没有用过的礼品卡加起来，每年使得美国公众的损失高达 80 亿美元。可是，这些钱却成了发卡机构存在银行里的切切实实的收益了。有限品牌公司（Limited Brands）是“维多利亚的秘密”女性内衣连锁店的持股者，在 2008 年，它单单从未用礼品卡上获得的每一季税前收益就高达 4 780 万美元，平均每股收益是 8 美分。它并非唯一一家从这里大捞好处的公司。大型的零售商家，例如塔吉特（Target）、百思买（Best Buy）和家得宝，也都在未用礼品卡项目上斩获颇丰。

研究人员把这种类型的错误称为“投射偏差”。实际上，这种偏差在生活中几乎无孔不入，即使最亲密无间的爱人也会受到它的影响。你可能亲身感受过，你常常无法预测你的爱人在圣诞节或者其他时候到底想要什么样的礼物。经常发生的情况就是，我们很喜欢某一样东西，然后就假定对方也会对那件礼物感兴趣。（“真的，亲爱的，我就是特别喜欢那条丁字裤……”）于是，许多商家，尤其是那些专卖高端商品的精品店，就开始向我们最熟悉的人推荐礼物，目的就是消除他们对到底要买什么礼物的各种猜测。举个例子，有一个网络在线零售商家是专门销售女性服装和饰品的。它会给女士们的男朋友或丈夫发送电子邮件，告诉他们，心仪的另一半最希望得到什么样的礼物，还会给他们提供一份清单。在电子邮件发送的视频里，还有一位“圣诞老人的助手”，那是一位举止风骚的金发女郎，她会用一些宠物名来称呼邮件接收者，像是“兔宝贝儿”之类的。

“面对现实吧，”她说，“如果你让她高兴了，你也就高兴了。”

是啊，恐怕没有人不喜欢高兴吧。但是，到底怎样才能高兴呢？恐怕我们还是把注意力放错了地方。考虑一下这种特殊情况，一个人需要进行一场非常重要，而且可能会给生活带来很大改变的手术，比如结肠造口术。下面两种人谁会更高兴一些呢？是那些做了永久性结肠造口术的人，还是有机会可以修复结肠造口的人？

卡内基·梅隆大学的乔治·鲁温斯坦教授和他的同事在密歇根医疗中心调查那些做过结肠造口术的病人时，就提出了这个问题。其中有一半的病人将来有机会修复结肠造口；另外一半做了永久性手术，余生就只能把粪便排泄到身上安装着的一个袋子里面。在手术 6 个月之后，研究人员问他们：如何看待自己现在的生活，是否满意现在的处境。

如果你和大多数人一样，你可能也会认为，那些有机会修复结肠造口的病人情况可能会更好（我曾经就是这么认为的）。毕竟，我们大多数人都讨厌一下子就接受最终的结果，而更希望看到可以改变的结果。我们喜欢逃脱生活的设定，并且宁愿为此付出更高的代价。我们的抵押贷款利率是可调整的；我们在婚前要签一份协议；我们喜欢去好市多（Costco）这样的零售商家买东西，因为那里有灵活的货物退换制度（这样，如果我们不喜欢配偶送的圣诞礼物，就可以随意退换了）。如此种种，都是因为这个原因。如果我们做错了决定，我们总是希望能及时从中抽身而退。

但是，调查结果表明，那些已经接受了永久性结肠造口术的患者对自己的生活更满意。通过为期 6 个月的调查，研究人员发现，那些接受了永久性手术治疗的患者，身体状况得到了更快的改善；而那些等待修复结肠造口的患者，对自己当下的境况不甚满

> “过高的希望会影响适应过程。”换句话说，如果你无法改变某些事情，你就要学着去适应它。

意，感觉不快乐。为什么呢？鲁温斯坦的结论是："过高的希望影响了适应过程。"换句话说，如果你无法改变某些事情，你就要学着去适应它。你越能尽快地适应，你就越会感觉快乐。

这个发现与多年以来的心理学研究（最早可追溯至弗洛伊德）是一致的。如果你无法改变某件事情，你就会突然感到，这实际上也没有多坏。比如，有研究表明，一旦某位候选人胜出，那些反对该候选人的选民就会承认那位候选人的实力；一旦知道自己没有被某所学校录取，高中生们很快就会意识到那所学校的缺点；一旦在某门考试中没能及格，大学生们马上就会认识到那门课的考题出得太偏了。换句话说，他们都会去适应。当然，从长远的角度考虑，这种适应性常常并非我们所能预料到的。

错误的关注点

"期待"深深地影响我们对将来是否快乐的预判，这种力量激发了施卡德的研究兴趣。施卡德说，当我们在考虑自己未来幸福的时候，任何一项单一影响因素的作用都可能会被过分地夸大。这种倾向被他和他的同事们称为"聚焦幻觉"。他说，在我们做出生命中至关重要的一些决定时，这种幻觉是产生错误的一个潜在根源。

施卡德、丹尼尔·卡尼曼和其他研究者做了一系列实验。他们在实验中揭示了：当面对生活中一些重要决定的时候，我们经常聚焦于某些并不是非常重要的因素，比如加利福尼亚的气候，而把其他占据我们日常生活主要部分的因素的作用大大降低，比如上班路线的长短，或者是生活的成本。我们经常感觉，那样做的话就一定会幸福，但实际上并不会真的感到那么幸福。我们经常是这山望着那山高。

这听上去好像有悖常理。然而，对于个人是否幸福的问题，有很多证据表明环境并不像我们想象的那么重要。确实，研究人员已经发现，对于是否感觉幸福来说，社会地位、受教育程度、收入、婚姻状况、宗教信仰等因素，都只占 3% 多一点儿的比重。一直有报告说，那些身体不健全的人，从四肢截瘫到双目失明，都觉得自己生活得很幸福。在四肢截瘫的人中，有 93% 的人觉得自己活着就很开心；有 84% 的人认为自己的幸福程度高于一般水平。甚至是那些有着多处非常严重的残疾的人，也有着类似的幸福感。大多数这类研究中的受访者都是没有工作、没有结婚，而且相对来说没有受过多少教育的人。尽管如此，还是有 96% 的人满意自己目前的生活处境，有 82% 的人满意自己的社交生活，而且有 76% 的人满意自己所受的教育。

在四肢截瘫的人中，有 93% 的人觉得自己活得很开心；有 84% 的人认为自己的幸福程度高于一般水平。

在这些研究结果的影响下，卡尼曼和施卡德向 119 名学生发放了调查问卷。问卷要求学生们写出自己对偏瘫的看法，包括他们认为偏瘫患者坏情绪和好情绪的比例。结果非常清晰：那些了解偏瘫的人比那些不了解偏瘫的人更觉得偏瘫患者幸福。具体来说，那些从来不认识偏瘫患者的人认为，偏瘫会让人有更多的坏心情、更少的好心情，差别是 43% 对 32%。但是那些身边有朋友或亲戚患有偏瘫的学生认为偏瘫患者坏心情和好心情的比例为 20% 对 53%。施卡德说，这个结果传达出来的信息非常明确：你对偏瘫知道得越少，你就越会觉得偏瘫可怕。

我们对其他事情的看法如何呢？人们是不是也会在其他了解不多的事情上表现出同样的偏见呢？或者直接用一个具体的例子来说，那些搬家到加利福尼亚的人，是不是也和那些学生的看法一样呢？

为了找出这个问题的答案，施卡德和他的同事们让专业的调查公司招聘了将近 2 000 名分别来自美国中西部和加州南部的学生，然后付费给他们，让他们参与为期一个小时的会谈。在会谈期间，学生们要填写一张调查表，调查表中的问题主要是问他们对自己生活的总体满意程度（不仅是他们对自己生活的想法，还包括类似他们的其他生活在那里的人的想法），并对这个满意程度进行评级。接着，研究人员开始工作，他们在分析完这些回答之后，发现了一个让人非常吃惊的结果。

在这两个地区生活的人的总体满意程度是相同的。在中西部生活的人觉得自己和在加利福尼亚生活的人一样幸福，当然，这两个地区的人们在一些具体事项的满意度上确实存在差别，例如，在中西部生活的人对当地气候的满意程度就不像南加州地区那么高。但是，就总体状况而言，两地的参与者对当地生活的满意程度完全相同。

但是当被问及，不是他们自己，而是他人对当地天气的满意程度时，学生们的答案开始出现变化。两组人都觉得，在加州生活要比在中西部地区生活更幸福。为什么会出现这种变化呢？施卡德发现，学生们此时会把问题的重心集中到某些对于他们自己来说相对不重要的方面，但是他们觉得这个问题对其他人非常重要。对他们个人来说非常重要的问题，比如工作前景、经济机会、犯罪率高低等，在评判上没有什么明显的改变，只是在对那些并不是很重要的因素（例如气候）做判断的时候，差别才开始出现。

施卡德说："当对复杂的事态做出判断的时候，人们总是会把注意力集中到某些显而易见的事情上，并给这些事情过多的考虑。"他接着说，不管什么问题都是这样的。他们还和同事们做了人们对于体重、年龄，以及金钱等方面的看法的测试，而且已经得出了类似的结论。收入水平越高的人，越爱花费时间在有压力的活动上，比如工作，还有照顾孩子，而不是把时间放在像看电视这样的休闲活动上。然而，施卡德说，他们买了大屏幕的等离子电视，却很少有时间去看它。

> 我们总是会把注意力集中到某些显而易见的事情上，并给这些事情过多的考虑。

“任何一件让你过分集中注意力的事情，”他说，“都没有你想象的那么重要。”

这有助于解释每年为什么会有上百万人离开加利福尼亚，马里诺夫妇就是其中之一。最后，皮特说：“生活在加利福尼亚确实可以享受那里的阳光和其他种种便利，但是，比起其他选择来说，这些对我来说已经不重要了。”

2004年，他和妻子詹妮弗决定售卖他们在洛杉矶市以西的房子。在他们把房子挂牌后，第二天竟然就出现超过200个买家。“其中有些人已经到了加州，他们是在自家汽车的引擎盖上填写的报价单。”詹妮弗说。

他们用卖房子的钱在芝加哥市的北郊另买了一所房子。秋天一个金色的午后，伴随着从他们邻居家传来的吹叶机的一片噪声，我和这对夫妇聊了起来。皮特和詹妮弗都很怀念在加利福尼亚生活的许多方面。詹妮弗想起圣诞节穿着短裤购物的情景；皮特则怀念起在太平洋时区，可以在周日上午10点看橄榄球比赛的直播。“反正都是这一类的傻事吧。”皮特说。

现在，这对夫妇给麦克斯添了一个小妹妹——苏菲。他们又想售卖现在住的房子了。这一次，没有人在引擎盖上写报价单，也没有200人在家门口排队。然而，马里诺夫妇还是确定了他们要搬的新房子的地址。那个地方，就在一个街区之外的不远处。

结 论

那么，所有这些都意味着什么呢？我们怎么做才能少犯一点儿错误？你能提出什么好的建议吗？

还是让我先从小处说起。

在美国，每年平均有 7 000 人不是因为疾病，不是出于事故，也不是自然死亡，而只是由于医生潦草马虎的书写而去世。还记得在南非那家银行的实验吗？是什么刺激借款人贷更多款呢？不是低利率，也不是更宽松的借款条件（尽管这些对借款者也很有吸引力），只是因为一张女性的照片（当然是一位很有魅力的女士）。美国曲棍球联盟和美国职业橄榄球大联盟上的判罚情况呢？罪魁祸首不是球员，不是教练，甚至不是裁判员，而是队服的颜色。

> 环境中最细微的一点儿变化，都可以对人们的行为产生巨大的影响。

所有这些都是细节。但是，就像一首歌里唱的，细节可以决定成败。我曾就“队服颜色”的实验专门采访了康奈尔大学的汤姆·季洛维奇教授。“在我看来，这个实验在我所研究的心理学领域带来了一个非常重要的发现，”他告诉我，“这个发现就是，环境中最细微的一点儿变化，都可以对人们的行为产生巨大的影响。”

乍看起来，这一洞见似乎很难在我们的日常生活中得到应用。因为对我们来说，所处环境和行为之间的联系并非显而易见。我们不仅因为一些坏习惯和过分良好的自我感觉而蒙蔽了双眼，也因为不能正确地认识自身的局限而自我掣肘。有时候，我们看不到本该看到的；有时候，我们又感受到一些自己并没有看到的。比如，我们可以在一刹那对一个人是否诚实、是否可爱做出判断，有时却又留意不到转瞬之间和我们对话的人已经被替换。我们做决定，甚至是做某些重大决定（生死抉择），不仅受到呈现在我们面前的选择的影响，还会受到那些选项的呈现方式的影响。我们受到“第一印象”的强烈影响，甚至在我们想努力避免受它支配时，也还是难免受到它的摆布。此外，我们还讨厌去阅读并遵守一些指南性的东西，我们更青睐跟随直觉，自己研究，看一件东西到底是怎么运作的。

在心理学家中间正有望达成这样一项共识：实际上，人们的决策是在两个不同的层面做出的—— 一个是更理性的层面，一个是更本能的层面。这两个层面的东西可以持续地相互转换、此消彼长，就像汽车的前灯不停地从一根光柱到另一根光柱交替闪烁。当我们的决策是在前一种状态下做出的时候，我们有时却偏偏会认为，它是在后一种状态下做出的。我们犯的许多错误也就在这样的时刻出现了。比如，我们认为自己从银行贷款完全是出于对自身经济状况的考虑。但是，我们并没有意识到，这个决策还受到一张女性照片的影响。再比如，我们听完了关于某位竞选人长达数小时的竞选报道后，终于决定把票投给他。然而，我们却没有意识到，早在眼神扫视过他（她）面容的那一瞬间，我们其实早已经对他（她）能否胜出做出了判断。

如果这种正在形成的共识是准确的，那么，它有助于解释为什么有些犯错倾向是那么难以根除：当我们认为自己很理性的时候，实际上我们却是感性的，反之亦然。因此，在错误出现后，我们抱怨的常常并不是它的真正根源。（“为什么当初利率那么高的时候就贷款了呢？当时肯定是我算错了……”）因此，我们总是很难做到“吃一堑，长一智”，无法真正从经验当中吸取应有的教训。

当我们认为自己是理性的时候，实际上我们却是感性的，反之亦然。因此，在错误出现之后，我们抱怨的常常并不是它的真正根源。

此外，对孩子和成人的研究都表明，很多人是非常不愿意容忍错误的。这让问题变得更加糟糕了。那些相信人类的智商是天生注定的人，尤其会感觉如此。在他们的眼中，错误就是智力低下的表现。这就造成了一种不仅会让人强烈地想避免犯错，还会让人拒绝从错误中吸取教训的倾向。这种倾向随着时光的流逝不仅很难得到改善，而且会越来越严重。随着年纪增大，我们中的很多人越来越固执地认为，不管是在家还是在工作中，只要是自己做的事情都绝对正确无疑。这样，在做得对的时候，我们总是归功于自己的能力（不要忘了，大多数时候总该是对的吧）；在做得不对的时候，我们就抱怨说，运气实在是太差了。

在“干井”[1]处做个标记

无论如何，还是有个好消息要告诉大家：我们的一些偏见还是可以得到纠正或弥补的。比如，自信过度。就像在前面的章节中看到的，很少有人会认为自己是普通人。就像研究人员所说的，大家都觉得自己怀才不遇，而这实际上只是“校准”能力还不够强。沃顿商学院的保罗·舒梅克教授和他的同事J.爱德华·罗素，就对管理中存在的过度自信问题进行了研究，他们还引用了全球石油巨头荷兰皇家壳牌石油公司作为例证。

① “干井”原是石油工业里的一个专有名词，后来也用它比喻在政界或商界不成功的尝试。——译者注

壳牌石油公司很早就注意到一种现象：新雇用的地质勘测人员在预测油井的出油率时都特别自信，但出错率总是大大地超出他们自己的预期。例如，地质勘测人员估计某个地点有 40% 的可能性存在石油储藏。但是，打了 10 口钻井后，只有一两口会出油，这让公司浪费了不少时间和金钱。

对此，公司应该怎么办呢？可能听起来有些奇怪，壳牌石油公司让这些员工学习天气预报员的那种预测方式。怎么才能做到呢？公司想出的方法是，设计一个训练项目来帮助这些地质勘测人员提高预测的准确性。作为训练的一部分，这些地质勘测人员要学习大量历史案例，这些案例包含一系列会影响石油储藏位置的因素。对于每一个案例，地质勘测人员不仅要做出自己最好的估测，还要把估测用精确的数字表达出来（就像天气预报员使用概率陈述的方式一样）。接着，对于每一种情况，公司会告诉地质勘测人员该案例的实际状况到底是什么样的。（换句话说就是，他们的预测会得到及时的信息反馈。）

按照舒梅克和罗素的说法，这种训练的“效果简直棒极了”。现在，壳牌石油公司的地质勘测人员在预测一个地方有 40% 的可能性会出产石油的时候，平均 10 次当中就会有 4 次能找到石油。

你也可以自己在家进行一个类似的训练计划。你没法用石油钻井来做实验，不过你可以选择其他一些东西，比如股票。如果真的这么做，你就不要只是追踪你已经购买的那些股票，还要追踪那些你本来想买，但因为种种原因没有买成的股票。写出你当初没买这些股票的原因（这一点很重要，因为做一份书面记录会让你避免受到“事后之明”这类有色眼镜的干扰）。然后，继续追踪这些股票的表现。尤其是要看它们和你买入的那些股票的相对表现。弄清楚为什么会这样。你最初列的那些不买的原因是否已经

> 不要只是追踪你已经购买的那些股票，还要追踪那些你本来想买，但因为种种原因没有买成的股票。

成为现实了，或者为什么没有成为现实。简言之，在你认为是“干井”的那些地方做好标记，研究它们的情况，会帮助你提高自己的业绩。

多考虑负面因素

同样，下次你在做重要决定的时候，要多问问自己：如果错了怎么办？有人可能会认为，这种悲观毫无必要，甚至把这看作彻头彻尾的失败主义。是啊，从童年时代开始，我们大多数人就被鼓励正面而积极地思考问题，而且这么做确实有很多充足的理由。在黑暗的岁月中，积极的态度是摆脱困境的一剂良方。但是，只考虑事情积极的一面也有其局限，局限之一就是，它会让我们对隐藏在某些想法背后的缺点视而不见。

阿图尔·加万德是哈佛大学医学院的一名外科医生，他把这种思考方式称为“负面思考的力量”。他说，在一定的环境下，寻找导致失败的因素或提前预见失败是非常关键的。他还引证了沃尔特·里德陆军医疗中心的经验作为说明。美国士兵在战争中的死亡率较第一次海湾战争已有大幅下降。医疗条件本身没有发生任何变化，实际上，医务人员的数量反而相对不足了。他们对原来每周的伤亡资料以及士兵的生存率数据进行了仔细的分析，然后积极地寻找原来出现问题的原因，并想方设法克服存在的困难。其中有一个例子是和眼伤有关的。对于士兵受到的眼部伤害，医生们不只是简单地进行治疗，他们还会问一些可能会让人觉得胆怯的问题：为什么会有那么多人受伤？询问的结果显示，年轻的士兵们有很多在战场上根本不戴护目镜，因为在他们看来，护目镜设计得实在是太难看了。于是，军方把士兵的护目镜换成了看上去更酷的“弹道眼镜”。士兵们更喜欢戴这种眼镜，结果，战争中出现眼伤的情况迅速减少了。

这种方法在商业领域也能发挥作用，保罗·舒梅克说。

如果你能让人们对自己唱反调——询问自己不利于当前决定的证据，那么过度自信的毛病很快就会消失。

因此，让我们都来试试这一招吧！

让你的配偶来做校对

还有其他一些方法也可以帮我们降低犯错的倾向。许多方法看起来并不起眼，而且可能让你觉得稀松平常。不过，这些方法真能发挥实效。比如，不要让自己总是拘泥于旧有的习惯。习惯是所有人的好朋友，它可以帮我们节省时间，并且在一些事情上让我们不必那么费劲。然而，它也会让我们无法觉察新情况，让我们只能看到自己希望看到的。我们走马观花地看一遍，接受的还是头脑中原先存在的模式，并且根本观察不到细节。一定要记住戈尔德夫斯基的那个例子，那个错误不是被那些具有专业素养的演奏家，而是被一个音乐新手发现的。当你想要消除自己生命中类似的错误时，一定也要牢牢记住这一点。如果你有一篇文章想先找个人做校对，你完全可以找一个在专业上很受尊重的同事，但是，你的这位同事可能会和你一样忽略某些错误。所以，把论文给你的伴侣，甚至可以给你的孩子阅读，他们可能会发现其他人都难以发现的错误。

调整并放慢做事的步调，也是方法之一。对于我们大多数人来说，想要一心多用，同时做好几件事情，结果往往不会太好。我们能同时做好的事情，在数量上有着严格的限制，同时做的事情越多，出错的概率也就越大。还记得罗伯特·洛夫特吗，就是那个驾驶飞机撞向地面的飞行员。他就是因为一个仅仅价值 12 美元的指示灯而分了心，从而忘记了自己是在驾驶飞机飞行。我们也一样会被其他类似的小事分心，比如车里装的卫星定位系统，还有用耳机听的音乐。使用这些东西会很容易把人的注意力从需要关注的事情上转移到别处。

确实，注意力分散是非常危险的。2007 年，美国田径协会明令禁止在其官方比赛中使用耳机以及 iPod 之类的便携式播放设备。在此之前，这里出现过许多次场上运动员开小差的情况，这些人因为无法听到警告声，而与其他运动员相撞。

此外，我们还应对传闻逸事保持高度警惕。还记得营养系统公司的例子吗？这些减肥公司是利用什么方法吸引人们使用他们产品的呢？他们靠的不是统计学，而是个人的成功案例。在做决策的时候，我们往往更容易对这类生动的信息——比如减肥成功的案例——给予过多不应有的信任，结果我们常会因此上当受骗。确实，个人案例会使人误入歧途，而且它的力量非常强大，就连美国中央情报局也提醒它的情报分析员尽量避免受到此类信息的干扰。研究人员对这个问题的结论是："没必要对个人案例以及逸事传闻给予过多重视"，除非它非常典型，"只要能获得建立在有效样本基础上的总体资料，个例材料的价值就完全可以忽略不计"。这是一条很好的建议，因此，要看平均的情况，别看个别的验证。

在做决策的时候，我们往往更容易对这类生动的信息——比如减肥成功的案例——给予过多不应有的信任。

多睡一会儿

另外一个容易致人犯错却又常被忽视的问题是睡眠不足。困乏的人容易出错，这几乎尽人皆知。但是，我们还是有大量睡眠不足的人（可能你也是当中的一个），而且数目大得惊人。根据统计，美国服用安眠类药物的人数在 5 年内增长了 60%，已多达 4 200 万，这意味着，每 7 个美国人中几乎就会有 1 个遭受失眠的困扰。此外，安眠类药物的流行还带来了一些新问题。由于人们吃了太多的安眠药，联邦政府不得不开始对公众提起一个新的危险警告：警惕开车时睡觉。这种情况自然就是服用安眠类药物带来的。还有人会在吃饭的时候睡着。已经有报告说，有人因此把蘸满黄油的香烟吞进肚子里，还有人醒来的时候发现嘴里塞满花生酱（一种尤其容易让人一边吃一边睡的食物），把自己憋得喘不上气来。

但是，许多人没有意识到的是，缺乏睡眠不仅会影响我们的身体状况和大脑活动能力，还会影响我们的情绪。比如，即使是并不怎么严重的睡眠不足，都会对大脑产生伤害，其程度和酒后驾车类似。随着疲劳程度的增加，或者是随着酒后麻木程度的增强，人们会表现出一种更强烈的冒险冲动。无论是正在开车的人还是手持手术刀的医生，以及任何此类会带来危险后果的人，我们都不希望在他们身上看到这种冒险倾向。然而，这正是现实中不断发生的真实情况。在2003—2007年间，美国至少出现了6例飞行员睡着的案例。没错，就是在飞行中睡着了！在一个案例中，飞行员和副驾驶员竟然同时睡着了，这一情况发生在飞机向华盛顿杜勒斯国际机场着陆的过程中。在另外一个案例中，前线航空公司承认，在从巴尔的摩飞往丹佛的途中，他们的两名飞行员在一架夜间航班上睡着了。幸运的是，其中一个飞行员被飞行控制器发出的“疯狂的响声”吵醒了。

随着疲劳程度的增加，人们会表现出一种更强烈的冒险冲动。

显然，有些飞行员需要更多的休息。但是航空公司采取了怎样的措施呢？2005年，数千名乘客在不知情的情况下成了捷蓝航空公司一项实验的被动参与者。这是一项针对飞行员疲劳飞行极限的实验。在没有获得FAA总部批准的情况下，该航空公司的顾问就给为数不多的一些飞行员配备了一些装置，来测试他们的警觉性。他们特意给这些人分配了更多的飞行任务，让这些受测的飞行员比正常情况工作更长的时间——连续飞行 10 个或 11 个小时，而不是联邦政府允许的 8 个小时。捷蓝航空公司希望，这项包含了超过 50 次航班的实验能够表明，飞行员可以在疲劳的情况下安全地飞行很长时间，而不会表现出不适的症状，引起不良的后果。捷蓝航空公司并不是唯一一家想尽办法让飞行员超负荷飞行的航空公司。2007 年，美国最大的两家航空公司——大陆航空公司和美洲航空公司——拒绝为飞国际航线的飞行员提供额外的休息间歇，也拒绝为他们提供其他一些安全措施。①

不仅是飞行员会这样，年轻的医生们也面临同样的工作压力。住院医生通常都要倒班工作，每班工作 24 个小时，甚至更长。这些睡眠不足的医生，经常有着很高的造成医疗事故的风险，这会给病人带来伤害，甚至是生命危险。有一项估计，按照这样超长的班次倒班的住院医生，在美国有大约 10 万人。哈佛大学医学院的查尔斯·切斯勒和同事们对 2 700 名第一年开始住院工作的医生的情况进行了调查。他们发现，当住院医生每个月马拉松式地连续工作 5 个班次之后，他们因疲惫对病人造成的伤害会陡然增加 700%，由此造成的导致病人死亡的情况，增加的幅度则有 300%。切斯勒研究的那些医生，总共出现了 156 次由疲劳造成的对病人的伤害，其中有 31 个错误导致了病人的死亡。

> 当住院医生每个月连续工作 5 个班次之后，他们因疲惫对病人造成的伤害会陡然增加 700%。

---

① 空中交通管理人员也面临同样的压力。2007 年，美国运输安全管理局得出结论：近年，管理人员由于疲劳而引发的灾祸不是 1 起，而是 4 起。管理局引证了 2006 年肯塔基州发生的柯麦尔航空公司喷气飞机失事案例。那天早晨当班的唯一一位交通管理人员报告说，他在两班交接之间只是打了两个小时的盹。

如此看来，缺乏睡眠带来的后果，可以说是有目共睹的。就像一句俗语所说的，肯定会有某个偶然事故要发生，除非它确实发生了，这样也就没有什么事故是偶然的了。

心情快乐好处多

保持乐观的情绪也会有所助益。一些调查显示，大多数人都认为自己很快乐。快乐的心情是一笔宝贵的财富。快乐和一些特定类型的错误之间存在负相关的关系。快乐的人更富有创造力，更少因为某些习惯出现差错。尽管还不清楚具体的作用机制，但是，良好的情绪确实可以帮助人们寻求新方法，把一些事物联系起来，并且有助于人们发现事物之间不为人知的关系。一个能够明确展示这种情况的实验就是我们在前面的章节中讨论过的“挂蜡烛问题”。在这个实验中，快乐的人比那些不快乐的人，明显有更好的表现。

快乐的人更富有创造力，还会以更快的速度做出决定，而不是犹豫不决。

有趣的是，快乐起来并不需要什么特别的东西，至少在实验室里是这样的，一小袋糖果或是看几分钟喜剧通常就够了。在一个实验中，一组学生要看一个由《雷德·斯克尔顿秀》[①] 里出怪相的镜头剪辑而成的短片，还有一些老西部片，我们把他们称为快乐的一组；另外一组学生要看一部有关数学的电影，名字叫《曲线下的区域》，完全可以理解，这一组被称为“不快乐的”一

① 《雷德·斯克尔顿秀》是美国 20 世纪 50 年代初到 70 年代初非常有影响力的电视喜剧节目。主演斯克尔顿是著名的喜剧演员，在哥伦比亚广播公司（CBS）和美国全国广播公司（NBC）工作的 15 年间，拍摄了大量的电视节目。在此期间，他曾先后 3 次获得美国电视行业的最高奖项艾美奖。——译者注

组。看完电影后，两组学生都被要求在 10 分钟内解决那个“挂蜡烛问题”。在第二组看了数学电影的学生中，只有 20% 能正确地解决那个问题；而看了电视搞笑镜头的那一组，成功解决该问题的比例却高达 75%。

在一些日常生活的情境中，快乐也表现出同样的效果，比如在买卖家用电器，或者决定要买什么车的时候。人们在心情愉快的时候会更快地做出决定，而不是犹豫。另外，心情愉快时还会比情绪低落时能从购买过程中得到更多的乐趣。医生在做诊断时甚至也会受到同样效应的影响。在另外一项实验中，研究人员给一组医生每人一包糖果，里面包上“好时巧克力”，另外一组医生什么都没有。接着，他们让医生去看病人的病历，然后对病人的病情（一种慢性肝炎）做出诊断。与那些什么都没得到的医生相比，得到糖果的医生会以更快的速度诊断出病情应该出现在肝部。

白费力气

有件东西似乎不能消除错误，至少不像人们经常假定的那么有效，这件东西就是金钱。有许多研究都在分析经济刺激对人的行为方式的影响（至少是在实验室里能够观察到的那些行为方式）。这些实验得出的结果一般都是，经济刺激不足以影响人们的基本表现。当然，还是存在一些例外的情况。对于一些单调的任务，比如在档案整理或者此类的秘书工作上，金钱确实能发挥作用，能带来不同的工作结果。金钱还会让人对痛苦有更强的忍受力。比如，在一个实验中，学生们被要求把他们的双手浸泡到一坛冰水里，看他们能够坚持多久。如果有了金钱的刺激，学生把双手浸泡在冰水中的时间，几乎是没有金钱刺激时的 4 倍。

> 经济刺激不足以影响人们的基本表现。

但是，以此为限，超过这个限度，大多数人就不再愿意去忍受更多的痛苦了。对其他更单调的任务来说也是一样。即使是经济学家也不会愿意再那样做。对于那些更复杂的工作，比如买卖股票或者选择赌注（经济学家们可能会更感兴趣），研究得出的最重要的发现依然是：经济刺激不会显著改变人们的一般行为方式。通常，经济刺激能够延长或增加人们对某件事情的注意力。在给定的某件工作上，更多的经济刺激会让人们工作得更卖力（在一个实验中，他们的瞳孔确实放大了），但是却不会让人更聪明地工作。典型的表现就是，他们会拼命按照通行的策略加倍努力，而不是提出一个新的策略，也就是说，就实际效果而言，经济刺激只能是白费力气。

在执行某些任务的过程中，经济刺激还会带来伤害性的效果。有趣的是，这些任务都是和做决策有关的。之所以会这样，一个重要的原因就是：人们会过分注意一些事情，而这些事情只有在人们较为自然放松时做，效果才最好。一个典型的案例就是运动员表现失常。比如专业篮球运动员在季后赛时的罚球失误率，明显要比常规赛季罚球时低得多。

生命的价值

戴维·施卡德花了十多年的时间来研究到底什么可以让人快乐？他告诉我，他和同事们最终得出的结论是：生命的价值不在于金钱，而在于时间。当人们的生活出现重大变故的时候，比如从一个城市搬到另一个陌生的城市，或是刚刚退休，此时所犯的最大的错误之一就是：不改变自己利用时间的方式。施卡德说，他住在得克萨斯州的时候，看到一辆汽车的保险杠上写着这样一句话：“如果你爱纽约，请掉头朝东边去。”这句话简直就是对他人生哲学的完美总结。

换句话说，如果你搬到了得克萨斯，那就去学着享受得克萨斯提供给你的一切。不要指望在这里吃到只有纽约才有的美味百吉卷[①]，或者是在洛杉矶才能享受的金色沙滩。学着去欣赏牛仔的竞技表演，或者是爱上达拉斯小牛队，还有得克萨斯州西部的辽阔原野，否则你的日子可能会很悲惨。

和本书中的其他发现一样，这个结论也让我感到稀松平常。我把自己的感受告诉了施卡德。

"这不过是常识而已，"他说，"但人们却不愿意这么做。"

他说，重新调整你的生活，这需要决心和毅力，这就是许多人退休后会重新回到工作状态的原因。他们所犯的错误，就是把时间都花在了原来一直在做的事情上，而没有花在下一步应该去做的事情上。关于他自己的情况，施卡德说，十几年前他就从得克萨斯搬到了加利福尼亚，之后他就决心去做一些只有在南加州才能做到的事情。为此，他更经常去打高尔夫球；他也特意给自己的房子修了一座露台，这样他就可以在早晨欣赏海上日出了。每个星期天的早上，他都会和妻子一起到海滩上散步。他最后还不忘提醒我，能够让人感到快乐的，不是你在哪里生活，而是你怎样利用自己的时间。

忘记这一点，可能会是我们所犯的最大的错误。

---

① 百吉卷是一种浇有糖浆的、质地坚韧耐嚼的环状卷饼，由未染色的酵母面制成。——译者注

致谢

如果没有书中出现的那些学者的研究，这本书是不可能问世的。对于他们，我要表达自己深深的谢意。其中有些学者不仅让我分享了他们的研究成果，还让我占用了他们的时间。在此，我尤其想要感谢的是：劳拉·贝克威思、玛丽安·波特兰、艾伦·布朗、迈克·柯林、埃德·康奈尔、卡伦·丹尼尔、安德斯·埃里克森、汤姆·季洛维奇、保罗·格林、贾斯汀·克鲁格、艾伦·朗格、乔治·鲁温斯坦、迈克尔·麦克洛茨基、薇琪·麦克拉肯、丹·蒙特洛、迪克·奈瑟、林恩·瑞德、克雷格·罗伯兹、戴维·施卡德、保罗·舒梅克、丹尼尔·西蒙斯、亚历克斯·托达罗、芭芭拉·特沃斯基、艾尔克·韦伯，还有杰里米·沃尔夫。

我还要特别感谢那些向我敞开生活和家庭大门的朋友。尤其是吉尔·伯恩、诺曼·爱因斯坦、克莱尔·休伊特、皮特和詹妮弗·马里诺夫妇，以及告诉我一个难以忘怀的故事的汤姆·万德·莫伦。

我还要对我的经纪人，简·迪斯特尔和米里亚姆·戈德里奇表达感激之情。他们不仅勤奋地督促我完成此书，而且在写作过程中向我提供了宝贵的指导意见。同样，我还要向百老汇图书出版公司的编辑克里斯·普波洛致以深深的谢意，她娴熟的技巧和宝贵的意见对本书的写作有着细致入微且不可估量的影响。我也要向斯蒂芬妮·鲍文致以深深的谢意，感谢她不知疲倦的工作。还有几位老朋友在阅读完本书不同章节后向我提出了他们的建议，在此一并致谢，他们是：格里格·伯格、凯万·米勒，以及吉姆·劳埃德博士。

最后，还有一句最显而易见的声明：任何讨论“错误”的书都难免存在错误之处，对此，全部责任只应由作者本人承担。